Praxishandbuch SAP® EWM: Planung und Einrichtung eines Materialflusssystems (MFS)

Franziska Bernard

Willkommen bei Espresso Tutorials!

Unser Ziel ist es, SAP-Wissen wie einen Espresso zu servieren: Auf das Wesentliche verdichtete Informationen anstelle langatmiger Kompendien – für ein effektives Lernen an konkreten Fallbeispielen. Viele unserer Bücher enthalten zusätzlich Videos, mit denen Sie Schritt für Schritt die vermittelten Inhalte nachvollziehen können. Besuchen Sie unseren YouTube-Kanal mit einer umfangreichen Auswahl frei zugänglicher Videos:

https://www.youtube.com/user/EspressoTutorials.

Kennen Sie schon unser Forum? Hier erhalten Sie stets aktuelle Informationen zu Entwicklungen der SAP-Software, Hilfe zu Ihren Fragen und die Gelegenheit, mit anderen Anwendern zu diskutieren:

https://forum.espresso-tutorials.com/.

Eine Auswahl weiterer Bücher von Espresso Tutorials:

- Rainer Neumann, Dieter Schraad:
  Variantenkonfiguration in SAP S/4HANA®
  http://5512.espresso-tutorials.de
- Ilka Dischinger:
  Lohnbearbeitung mit SAP S/4HANA® – Einkaufs- und Produktionsprozess *http://5649.espresso-tutorials.de*
- Paul-Werner Neiss:
  Schnelleinstieg in die Chargenverwaltung für SAP S/4HANA®
  https://es-tu.de/aCwc
- Erwin Janits:
  Lagerverwaltung mit SAP S/4HANA® Stock Room Management (StRM) *https://es-tu.de/9EvC*
- Roy Wendler:
  Praxishandbuch Stammdaten in der diskreten Fertigung mit SAP S/4HANA® *https://es-tu.de/7heKyQ*
- Muhamed Karalic, Winfried Würzer, Matthew Johnson, Holger Brandenburg: **Praxishandbuch Materialstammdaten in SAP S/4HANA® – 2., erweiterte Auflage** *https://es-tu.de/yKXq4p*

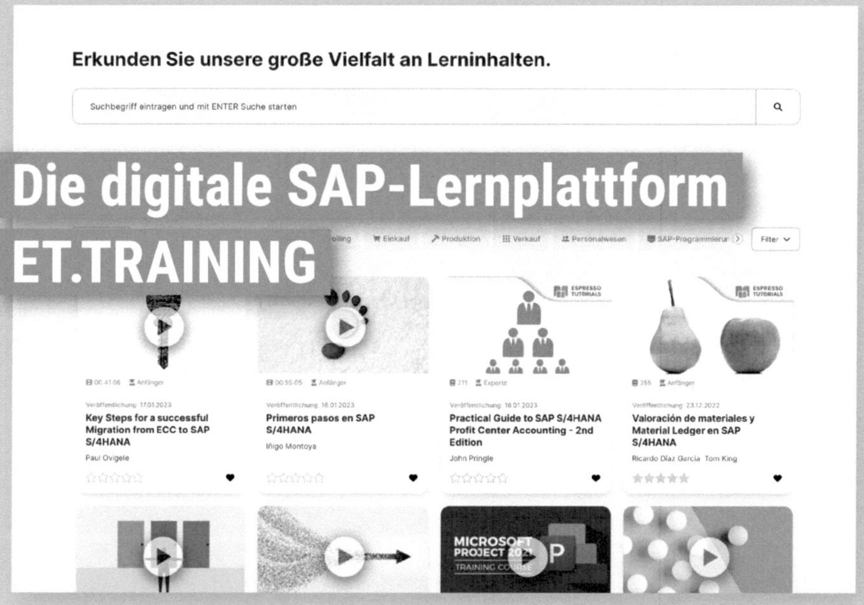
Erkunden Sie unsere große Vielfalt an Lerninhalten.
Suchbegriff eintragen und mit ENTER Suche starten
Die digitale SAP-Lernplattform
ET.TRAINING
Einkauf
Produktion
Verkauf
Personalwesen
Filter
Key Steps for a successful Migration from ECC to SAP S/4HANA
Paul Ovigele
Primeros pasos en SAP S/4HANA
Iñigo Montoya
Practical Guide to SAP S/4HANA Profit Center Accounting - 2nd Edition
John Pringle
Valoración de materiales y Material Ledger en SAP S/4HANA
Ricardo Díaz García Tom King
MICROSOFT PROJECT

Bibliografische Information der Deutschen Nationalbibliothek
Die Deutsche Nationalbibliothek verzeichnet diese Publikation in der Deutschen Nationalbibliografie; detaillierte bibliografische Daten sind im Internet über https://portal.dnb.de abrufbar.

Franziska Bernard
Praxishandbuch SAP® EWM: Planung und Einrichtung eines Materialflusssystems (MFS)

ISBN: 978-3-960122-85-2

Lektorat: Bernhard Edlmann/Die Korrekturstube

Coverdesign: Philip Esch

Coverfoto: iStockphoto.com | Reinhard Krull No. 1399330433

Satz & Layout: Johann-Christian Hanke

1. Auflage 2024

URL: *www.espresso-tutorials.de*

Feedback:
Wir freuen uns über Fragen und Anmerkungen jeglicher Art. Bitte senden Sie diese an: *info@espresso-tutorials.com*.

Inhaltsverzeichnis

Vorwort

Dieses Buch behandelt die Grundlagen von Materialflusssystemen, eingerichtet in einem SAP-EWM-System. Von Begriffserklärungen über Tipps für die Planung bis zur Einrichtung soll es Sie beim Aufsetzen Ihres Materialflusssystems unterstützen. Sicherlich ist der Materialfluss generell ein Thema, das sich nur schwer mit Standardbordmitteln umsetzen lässt und das schnell in Eigenentwicklungen und Z-Coding abdriftet. Umso mehr soll dieses Buch für Sie eine Hilfe sein, um den grundlegenden Standard von SAP EWM zu verstehen und darauf aufbauend Ihre Materialflussanbindung zu gestalten.

Der Materialfluss ist immer ein Kompromiss zwischen verschiedenen Systemen und Interessen: Er berücksichtigt einerseits durch das SAP-EWM-System die betriebswirtschaftlichen Interessen, andererseits steht die Anlage, die sprichwörtliche »Physik«, im Mittelpunkt – nur sie stellt in diesem Fall die Realität dar.

Die Materialflusssteuerung baut auf den grundlegenden Elementen von SAP EWM auf. Eine gewisse Vorkenntnis der Lagerstrukturen, Organisationselemente und der verwendeten Belegarten wie Auslieferungsaufträge oder Lageraufträge und -aufgaben werden hier vorausgesetzt.

Das Buch richtet sich an SAP-Berater, Entwickler, Key-User, aber auch an Projektleiter und Planer, die bereits mit SAP EWM arbeiten, z. B. im Zusammenhang mit einem manuellen Lager, und nun vor der neuen Herausforderung stehen, eine automatisierte Fördertechnik einzurichten. Grundlagen der Automatisierungstechnik sind für das Verständnis nicht nötig. ABAP-Kenntnisse sind von Vorteil, aber keine zwingende Voraussetzung.

Der Aufbau dieses Buches orientiert sich an der Planung und einer späteren Einrichtung eines Lagers und entspricht so Ihrem möglichen Projekt. Im ersten Kapitel liegt der Fokus daher auf den Grundlagen, Begriffserklärungen und Strukturen des späteren Lagers – alles Dinge, die Sie in den Planungsworkshops mit den Anlagenautomatisierern brauchen. So erhalten Sie einen Überblick, was auf Sie zukommt und welche Voraussetzungen Sie mitbringen müssen bzw. welche Informationen Sie dabei von wem bekommen.

Mit diesen Grundlagen gehen wir in Kapitel 2 an die Einrichtung des Lagers – das umfasst das Customizing, die Stammdatenpflege und erste Tests. Das Buch skizziert hierbei ein mögliches Lagerlayout, das übernommen und eingerichtet wird. Gewisse Planungselemente, die keine Zusammenarbeit mit dem Anlagenautomatisierer erfordern bzw. allein dem SAP EWM obliegen und daher für weitere Parteien uninteressant sind, werden hier mitbehandelt. Am Ende steht ein kleiner Funktionstest, der es Ihnen mit SAP-Bordmitteln ermöglicht, eine Anlage in kleinen Auszügen zu simulieren und Ihr Customizing zu testen.

Da der Telegrammverkehr in der Anlagenautomatisierung eine große Rolle spielt, ist diesem und dem damit verbundenen Handling ein eigenes Kapitel (3) gewidmet.

Die Kapitel 4 und 5 geben Ihnen die Grundlagen für Ihr mögliches Betriebskonzept in die Hand. Wir betrachten das Störungsmanagement, die Anlagensicherheit, notwendige Housekeeping-Tätigkeiten und weitere Aspekte, die vor einer eigentlichen Inbetriebnahme geklärt und verteilt werden müssen.

Dabei machen wir einen kurzen Abstecher zum Thema Auswertungen, um später mögliche KPIs für den ersten Hochlauf Ihrer Anlage zu definieren sowie einzurichten.

Danksagung

Ich möchte an dieser Stelle meiner Familie, aber vor allem meinem Partner Sebastian danken. Sie haben mir Zeit und Geduld geschenkt, sodass ich dieses Buch umsetzen konnte, und waren gleichzeitig stets als »Quietscheentchen« zur Stelle. Man braucht nicht immer eine Antwort auf seine Fragen, sondern oft einfach nur jemanden, dem man sein Problem erklären kann.

Ein weiterer Dank geht an meinen Discord-Clan, dessen gleichbleibendes Chaos mir die Ruhe geschenkt hat zu schreiben.

In den Text sind Kästen eingefügt, um wichtige Informationen besonders hervorzuheben. Jeder Kasten ist zusätzlich mit einem Piktogramm versehen, das diesen genauer klassifiziert:

Hinweis

Hinweise bieten praktische Tipps zum Umgang mit dem jeweiligen Thema.

Beispiel

Beispiele dienen dazu, ein Thema besser zu illustrieren.

! Achtung

Warnungen weisen auf mögliche Fehlerquellen oder Stolpersteine im Zusammenhang mit einem Thema hin.

Die Form der Anrede

Um den Lesefluss nicht zu beeinträchtigen, verwenden wir im vorliegenden Buch bei personenbezogenen Substantiven und Pronomen zwar nur die gewohnte männliche Sprachform, meinen aber gleichermaßen Personen weiblichen und diversen Geschlechts.

Hinweis zum Urheberrecht

Sämtliche in diesem Buch abgedruckten Screenshots unterliegen dem Copyright der SAP SE. Alle Rechte an den Screenshots hält die SAP SE. Der Einfachheit halber haben wir im Rest des Buches darauf verzichtet, dies unter jedem Screenshot gesondert auszuweisen.

1 Materialflusssteuerung

Dieses Kapitel führt Sie in die Materialflusssteuerung ein und erklärt deren grundlegenden Elemente. Es hilft Ihnen bei der Planung, gibt eine erste Orientierung und stellt gezielte Fragen dazu, wie Sie Ihr Materialflusssystem im ersten Schritt grob entwerfen können.

1.1 Materialflusssteuerung (MFS) – Definition

Eine *Materialflusssteuerung (MFS)* übernimmt in der automatisierten Logistik den Transport von Material zu verschiedenen Zielen. Der Begriff umfasst dabei einerseits die Physik in Form eines Materialflusssystems, andererseits die Logik über einen Materialflussrechner. Eine klare Trennung beider Elemente ist nicht immer möglich, deshalb verwenden wir den übergreifenden Terminus »Materialflusssteuerung«.

Materialflusssysteme bezeichnen innerhalb des SAP-Extended-Warehouse-Management(EWM-)Systems physikalische Förderanlagen, die *Handling Units (HU)* verschiedenster Arten vollautomatisch befördern können. Der Ausdruck Handling Units wird in SAP EWM übergeordnet und unabhängig von der physischen Ausprägung für jedwede Art von Packmitteln oder Behältnissen verwendet. Eine HU hat eine feste Identifikation, existiert mit oder ohne Inhalt in Form von Material und kann in einem Kommissioniervorgang mit einer Auslieferung verknüpft werden.

Beim *Materialflusssystem* gibt es Systeme und Anlagen unterschiedlicher Hersteller, die fertig gepackte Pakete, kommissionierte Behälter, Paletten oder auch erhaltene Sendungen innerhalb einer Anlage identifizieren und zum jeweiligen Zielort transportieren. Neben den Prozessen im Wareneingang (WE) und Warenausgang (WA) kann der Materialfluss in Ihrem Unternehmen auch die Versorgung von Produktion, Serviceabteilung oder Qualitätssicherung übernehmen. Die grundlegenden Prinzipien lassen sich leicht auf all diese Bereiche adaptieren und entsprechend skalieren.

Förderanlagen größerer Hersteller besitzen oft eigene *Materialflussrechner*, die die Bewegungen von HU und Material auf den Anlagen steuern sowie die *Fahrzeugsteuerung* z. B. von eigenen Regalbediengeräten übernehmen.

Was aber ist nun im Detail der Aufgabenbereich eines Materialflussrechners? Wie funktioniert ein Materialfluss überhaupt?

Bei den Anlagen unterscheidet man grundsätzlich stetige und unstetige Fördertechniken. Von *stetigen Fördertechniken* spricht man bei festen Förderstrecken, die eine vorgeschriebene Wegstrecke haben.

Bewegt sich eine HU, etwa eine Kiste oder Palette, über eine stetige Förderstrecke, wird sie an festgelegten Punkten von einem kleinen *Scannerpunkt* erkannt. Dies erfolgt normalerweise über fixierte Barcodes an den Seiten der Kiste.

Doch was erkennt der Materialfluss in diesem Moment?

Der Scannerpunkt selbst führt keinerlei Aktion aus. Er meldet nur den abgescannten Barcode in Form eines Telegramms an den Materialflussrechner.

Dieser kennt das Endziel der HU. Um dieses Ziel zu erreichen, muss er an jedem Wegpunkt mit einer Abzweigung angeben, ob die Kiste auf der Strecke bleiben oder abzweigen soll.

Es werden also vor solchen Wegscheidepunkten strategisch Scanner platziert, die alle vorbeifahrenden Kisten an den Materialflussrechner melden. Dieser entscheidet über den weiteren Weg und meldet dann der Anlagentechnik ebenfalls in Form eines Telegramms, ob diese die HU auf eine Abzweigung ausschleusen soll. Das *Ausschleusen* ist hierbei eine von der Anlagentechnik ausgeführte mechanische Bewegung.

Auf diese Weise entwickelt sich eine engmaschige Zusammenarbeit zwischen dem Materialfluss in Form der Anlagentechnik und dem Materialflussrechner. Scannerpunkte liefern neben HU-Barcodes manchmal auch weitere Infos wie Gewichte, Höhen oder Maße. Die Anlage erhält auch in diesem Fall immer nur die einfache Antwort, ob ausgeschleust werden soll oder nicht.

Komplexer wird es im Bereich der Fahrzeugsteuerung, die die *unstete Fördertechnik* darstellt. Denn sie ist bis zu einem gewissen Grad in der Lage, ihre Position zu verändern.

Soll etwa eine HU aus ihrem Lagerplatz geholt werden, geschieht dies über zwei Bewegungen eines Fahrzeugs. Die erste Fahrbewegung ist das Beladen. Hierbei positioniert sich das Fahrzeug vor den x- und y-Koordinaten der auszulagernden HU. Dann zieht es die HU auf seine Transportfläche. In der Anlagentechnik wird hier von einem *Last-Aufnahme-Mittel (LAM)* gesprochen. Mit der Kiste auf dem LAM wird die zweite Fahrbewegung, das Entladen, ausgeführt. Dabei begibt sich das Fahrzeug zu seiner Auslagerbahn, wo die Kiste vom LAM abgezogen und auf die Auslagerbahn abgegeben wird.

Wo ziehen wir hier die Grenze zwischen Materialfluss und Materialflussrechner?

Fahrbewegungen werden nur vom Materialfluss bzw. der Anlage vorgenommen. Der Materialflussrechner plant die Fahrzeugbewegungen. Er bestimmt die Reihenfolge der auszulagernden HU, zerlegt sie in die einzelnen Fahrbewegungen von Beladen und Entladen mit den jeweiligen Zielkoordinaten und übergibt diese Anweisungen an die Materialflusselemente, die die Fahrbewegungen ausführen. Ob das Beladen und Entladen als zwei Einzelbewegungen oder als eine einheitliche zu beauftragende Bewegung zu sehen sind, unterscheidet sich von Anlage zu Anlage.

Im Standard des SAP EWM sind die eben beschriebenen grundlegenden Elemente für den Aufbau eines Materialflussrechners enthalten. Damit lassen sich die geschilderten Prozesse des Materialflusses eng in die bereits bestehenden SAP-Prozesse integrieren und so Synergieeffekte in den unterschiedlichsten Bereichen erzeugen. Sie können in SAP EWM jederzeit den Weg Ihrer Bestände über die Anlage verfolgen und von dort steuernd eingreifen. Dies sorgt gleichermaßen für eine konsequentere Transparenz der Prozesse sowie für eine höhere Standardisierung und Effizienz der logistischen Abläufe.

In diesem Buch lernen Sie, SAP als Materialflusssteuerung zu verwenden. Hierfür richten Sie eine Materialflusssteuerung innerhalb des SAP EWM ein und steuern die Förderanlagenelemente und die Fahrzeuge über direkte Anbindungen mithilfe von Anweisungen. Die hier betrachtete Fördertechnik soll Material auf Paletten aus dem Wareneingang einlagern und damit Kommissionierarbeitsplätze in einem Warenausgangsprozess versorgen.

Das Palettenbeispiel lässt sich auf beliebige zu transportierende HU übertragen. Einzig bei Behälterfördertechniken macht SAP EWM einen Unterschied. Wie diese aussehen und was dabei im Speziellen zu beachten ist, thematisieren wir in Abschnitt 2.7.

1.2 Kommissionierprinzip »Ware zur Person«

Ein mit voll automatisiertem Lagerbereich ausgestatteter Lagerkomplex arbeitet nach dem Kommissionierprinzip *Ware zur Person*. Dieses Prinzip sieht vor, dass jedwede Transporttätigkeiten automatisiert werden und sich Mitarbeiter an festen Arbeitsplätzen nur auf Kommissionier- und Packtätigkeiten konzentrieren.

Durch kürzere Laufwege und weniger körperliche Belastungen dank der Verringerung von Hub- und Streckbewegungen entlastet dies nicht nur die Mitarbeiter, es erhöht auch die Kommissionierleistung durch den Wegfall von Wegzeiten der Mitarbeiter.

In SAP EWM macht dieses Prinzip aufwendige Programmierungen und Berechnungen zur Wegeoptimierung obsolet. Sie haben mit der Fördertechnik einheitliche Transportzeiten bei der Aus- und Einlagerung, und Ihre Kommissioniertätigkeiten finden an separaten Arbeitsplätzen und nicht mehr zwischen den Regalen statt. So lassen sich diese Arbeitsplätze ggf. mit Zusatzaufgaben innerhalb des Kommissionierablaufs ausstatten und dadurch Abläufe optimieren. Ebenso ist es möglich, ein breiteres Artikelspektrum zu kommissionieren.

Die Lagerhaltung kann hierbei je nach Artikelspektrum, Lageraufteilung und Lagerhaltungsanforderungen vollständig ungeordnet erfolgen. Auf jeden Fall muss sich die Verteilung innerhalb einzelner Lagerbereiche nicht mehr so streng nach Schnell- oder Langsamdrehern richten.

Bei der Einlagerung spielen stattdessen Automatisierungsaspekte eine Rolle, so etwa

- die maximale Belegung der Lagerplätze,
- der Füllgrad der Gassen/Lagerbereiche und
- spezifische Lagerbedingungen (kühl, trocken, vorhandene Löschmittel).

Gerade bei Belegungs- und Gewichtsgrenzen sprechen Anlagenautomatisierer gerne von *Feldlasten*. Diese beschreiben die maximale Gewichtsbelegung eines definierten Feldes wie z. B. eines Lagerplatzes mit zwei Stellplätzen oder einer Ebene, die mehrere Lagerplätze umfasst.

Berechnung einer Feldlast

Ihr Lager kann mit Paletten belegt werden. In den Lagergassen umfasst ein Feld drei Stellplätze zwischen zwei stabilen Stahlträgern. Jeder Stellplatz darf mit 1.000 kg belegt werden. Insgesamt kann dieses Feld 3.000 kg halten, darf aber nur zu 80 Prozent belastet werden. Das ergibt eine maximale Belegung von 2.400 kg. Ebenfalls darf der mittlere Platz nicht voll belastet werden, nur die äußeren können die maximalen 1.000 kg tragen. Für die Einlagerung bedeutet dies also z. B., dass sich eine Belegung auf drei Paletten mit 1.000 kg, 400 kg und 1.000 kg aufteilen könnte (siehe Abbildung 1.1).

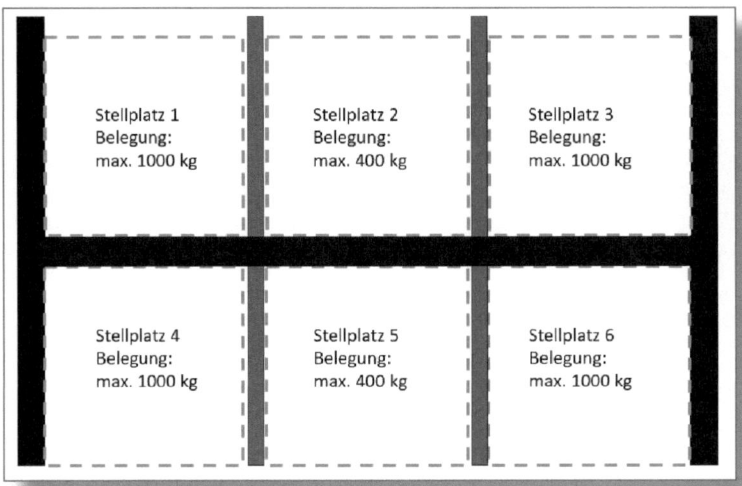

Abbildung 1.1: Feldlastberechnung – Beispielaufbau

Grundsätzlich ist die Einteilung nach *Schnell-* und *Langsamdrehern* für uns aber nicht unerheblich. Da Bestände während des Transports über die Fördertechnik teilweise länger nicht zur Verfügung stehen als bei einem manuellen Kommissioniervorgang, empfiehlt es sich, je nach Bedarf bei einzelnen Produkten eine Aufteilung auf mehrere HU vorzunehmen. So stehen sie für unterschiedliche Aufträge mehrfach zur Verfügung. Auch für die Optimierung von Fahrtwegen und Fahrzeiten ist die Einteilung nach Schnell- und Langsamdrehern interessant.

Der Schwerpunkt der Anlagenoptimierung im Rahmen der Automatisierung durch SAP EWM liegt aber auf den Fahrzeugressourcen und deren Fahraufträgen. Die Fahrzeit auf der Fördertechnik lässt sich nur schwer reduzieren, da die Fahrgeschwindigkeit nicht beliebig erhöht werden kann. Somit liegt der Lösungsansatz darin, die Ware möglichst schnell auf die Fördertechnik und von dort wieder herunterzubekommen.

Bei den Fahrzeugen lässt sich durch geschicktes Zusammenfassen von Fahraufträgen zu Doppelspielen die Leistung erhöhen, Leerfahrten lassen sich vermeiden, und der Verschleiß der Geräte lässt sich auf diese Weise gering halten.

Ein *Doppelspiel* sollte im Idealfall aus zwei Aufträgen mit einem möglichst ähnlichen Fahrtweg bestehen. Das Fahrzeug kann hierfür eine Einlagerung in räumlicher Nähe einer anstehenden Auslagerung ausführen, damit beim Positionieren, wenn das Fahrzeug gerade leer ist, nur wenig Wegstrecke zurückgelegt werden muss.

Ebenso lässt sich durch ein Doppelspiel die Beauftragungszeit reduzieren.

! Beauftragungszeiten sind nicht immer Verlustzeiten

Die Berechnung von Fahraufträgen kann je nach Lagergröße eine gewisse Komplexität und somit auch Zeitaufwand mit sich bringen.

Nicht jeder Anlagenautomatisierer lässt mehrere gleichzeitige Fahraufträge für ein Fahrzeug zu, um sie dann sequenziell abzuarbeiten. Da Fahrzeuge stehen bleiben, wenn ihr nächster Auftrag berechnet wird, bedeutet dies Leerlauf und damit Verlust.

Es ist jedoch nicht immer sinnvoll, dass der Materialflussrechner zu viele Aufträge bereits im Voraus berechnet. Dringende Aufträge würden so nicht sofort abgearbeitet, und dadurch würden die Lagerabläufe eventuell gestört. Zudem kommen Einlagerungen, die für Doppelspiele wichtig sind, nicht je nach System, sondern je nach Arbeitslage zustande.

Deshalb müssen Sie in Ihrem Materialflussrechner das für Sie und Ihre Anlage richtige Gleichgewicht finden zwischen Vorabberechnung und aktiven, vom Fahrzeug angestoßenen Auftragssuchen. Denn eine Sekunde kann in einem Automatiklager sehr viel Zeit sein.

1.3 Beispielszenario

Während der folgenden Ausführungen beschäftigen Sie sich mit einem Szenario eines teilautomatisierten Lagers, das Sie an das SAP EWM anbinden werden. Befördert werden dabei Paletten, die von dafür gerüsteten *Regalbediengeräten (RBG)* ein- und ausgelagert werden. Auch ohne die Integration von Fördertechnik wird es Ihnen möglich sein, dieses Beispielszenario in Ihrem SAP-EWM-System nachzubauen, um sich so mit den Elementen und dem Customizing vertraut zu machen.

Unser Lager enthält folgende Elemente (siehe Abbildung 1.2):

- einen Arbeitsplatz im Wareneingang mit Förderstrecke ins Lager
- ein Hochregallager mit zwei Gassen
- zwei Regalbediengeräte (RBG), die in je einer Gasse stehen und Fahraufträge darin bearbeiten
- zwei Arbeitsplätze im Warenausgang mit Anbindung ans Hochregallager zur Kommissionierung und Verpackung

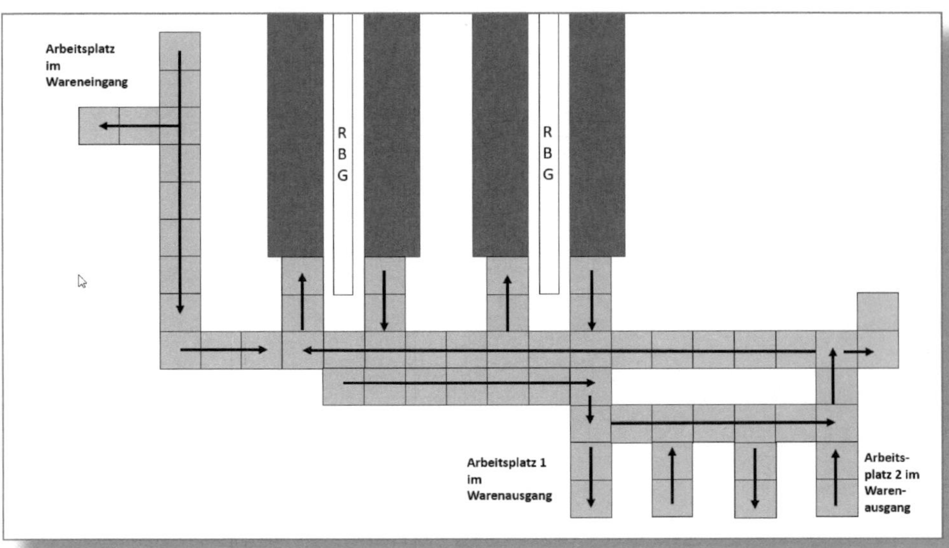

Abbildung 1.2: Beispiellager – Schema

Dieses Lagerschema wird bei der Erklärung der einzelnen Elemente der Materialflusssteuerung durch weitere Details ergänzt. Am Ende des Kapitels finden Sie eine komplette Liste aller Elemente unseres Beispiellagers, die im späteren Verlauf in SAP EWM ihre Customizing-Einstellungen erhalten. Manche Besonderheiten eines solchen Lagers sind extern vorgegeben und unabänderbar.

Wie Sie in unserem Beispiel noch sehen werden, können Sie andere Elemente flexibler gestalten. Sie erfahren, wie Sie in diesem Szenario die Gestaltung am besten wählen und warum.

Lagerplanung

Automatische Lager können schnell sehr umfangreich und komplex werden. Auch in unserem kleinen Szenario werden Sie mit sehr vielen Einzelelementen konfrontiert. Beginnen Sie daher immer sofort bei den ersten Elementen der Planung mit Ihrer Dokumentation und lassen Sie sich die Dokumentation Ihres Anlagenautomatisierers geben. Schreiben Sie für Ihr Lager auch eine Zusammenfassung wie in diesem Buch – und das Customizing wird Ihnen viel leichter von der Hand gehen.

1.4 Elemente des Materialflusssystems

Bei der Einrichtung eines Materialflusssystems verwenden Sie verschiedene Elemente, die sich an Ihrem Lageraufbau orientieren sowie an den Geräten, die Ihnen für die Automatisierung zur Verfügung stehen. Einige dieser Elemente sind auch aus manuellen Lagern bekannt, sie kommen jedoch im Folgenden alle im Kontext der Materialflusssteuerung noch einmal zur Sprache:

- Speicherprogrammierbare Steuerungen
- Meldepunkte
- Fördersegmente
- Ressourcen/Fahrzeuge

1.4.1 Speicherprogrammierbare Steuerung (SPS)

Die Kommunikation von SAP EWM in Richtung Anlage läuft über *Speicherprogrammierbare Steuerungen (SPS)*. Dieser Begriff leitet sich vom englischen Terminus *Programmable Logic Controller (PLC)* ab.

Solche SPS kommen immer dann ins Spiel, wenn Sie es mit »intelligenten« Anlagen zu tun haben und mit diesen kommunizieren wollen; denn hinter diesen verbirgt sich ein komplexer Aufbau von Steuerelementen und Programmierungen. Die Intelligenz einer Anlage speist sich zum einen aus Sensoren und Elementen, die Signale messen. SPS können damit Motoren oder Geräte aktivieren, steuern oder deaktivieren. Zum anderen werten sie Meldungen von Sensoren, Tastern, Lichtschranken oder Lesern aus und stoßen in der Folge entsprechende Aktionen an.

Der Anlagenautomatisierer wird Ihre Anlage mit diesen SPS aufbauen und die dahinterliegende Steuerung erstellen. Diese kann sich recht komplex in unterschiedliche Steuerungsarten und -elemente aufteilen. Nicht alle davon müssen aber einzeln an SAP EWM angebunden werden: So sind für SAP EWM nur sogenannte Kopfsteuerungen wichtig, einzelne Vor-Ort-Steuerungen müssen hingegen nicht separat hinterlegt werden.

Um den Unterschied zwischen einer *Kopfsteuerung* und einer Vor-Ort-Steuerung feststellen zu können, stellen Sie Ihrem Anlagenautomatisierer folgende Fragen:

- Bekommen wir von der SPS selbst oder Elementen dahinter Telegramme?
- Müssen wir der SPS oder Elementen dahinter Telegramme senden?
- Fasst die Steuerung die Elemente anderer SPS zusammen und sendet sie uns die Telegramme anstatt der einzelnen darunterliegenden SPS?

Nur ein Steuerelement, für das eine dieser Fragen mit Ja beantwortet wird, ist als Kopfsteuerung anzusehen und muss an SAP EWM angebunden werden.

Sie definieren nun jede Kopfsteuerung als einzelne SPS innerhalb des SAP EWM und bauen zu dieser SPS mindestens einen, optional auch mehrere Kommunikationskanäle auf. Die benötigte Anzahl ergibt sich aus dem Umfang der SPS und der Menge der dahinterliegenden zu steuernden Elemente bzw. dem dadurch entstehenden Nachrichtenaufkommen. Die SPS und die zu steuernden Komponenten kommunizieren mithilfe von Telegrammen mit SAP EWM.

Telegramme sind in der Regel kurze, flache String-Nachrichten, die über TCP/IP-Schnittstellen zwischen SAP EWM und der SPS der Anlage ausgetauscht werden. Da wir uns mit dem Anlagenautomatisierer auf eine feste Struktur der Inhalte einigen, laufen über eine solche Schnittstelle keine die Felder beschreibenden Header-Informationen, sondern nur die zu übermittelnden Inhalte selbst.

Auch die Kommunikationsstandards wie Telegrammarten, Fehlercodes usw. legen Sie hierbei mit Ihrem Anlagenautomatisierer fest. Über die Einrichtung der Kanäle und deren Aufbau erfahren Sie mehr in Kapitel 3, wenn wir uns mit den Details und Herausforderungen der Telegrammkommunikation beschäftigen. Vor allem die Telegrammarten spielen dabei eine wichtige Rolle.

Aber zurück zur SPS: Eine in SAP EWM als Kopfsteuerung definierte SPS kann mehrere Elemente oder Fahrzeuge, eine Förderstrecke oder einen ganzen Gebäudeteil umfassen.

Wie könnte das also aussehen?

Eine Ihrer Förderstrecken führt von einem Arbeitsplatz im Wareneingang ins Lager. Die gesamte Strecke wird von einer SPS gesteuert. Diese enthält an relevanten Stellen Scanner, die eine gerade passierende HU identifizieren und dies SAP EWM mitteilen. Da der Scanner der Schnittstelle immer auch seinen eigenen festgelegten Namen übermittelt, wissen wir, an welchem Punkt sich die HU befindet. Ihr jeweiliger Standort wird verbucht und darauf aufbauend entschieden, welchen weiteren Weg sie nehmen soll. Wenn Sie diese Wegentscheidung an die SPS zurückmelden, übernimmt diese automatisch den Weitertransport.

SPS des Beispiellagers

In unserem Beispiellager verteilen sich die SPS folgendermaßen: Der Wareneingang wird von einer SPS gesteuert, der Warenausgang von insgesamt drei. Dabei ist der große Förderstreckenabschnitt vor den Gassen des Hochregallagers separiert und der SPS WA01 zugeteilt (siehe Abbildung 1.3). Die beiden Arbeitsplätze werden separaten SPS zugewiesen, hier WA02 und WA03 (ein Arbeitsplatz braucht nicht zwingend eine eigene SPS, für unser Szenario ist es jedoch vorteilhaft). Grundsätzlich sind die SPS durch die Anlagensteuerung vorgegeben. Jede SPS erhält einen Kommunikationskanal.

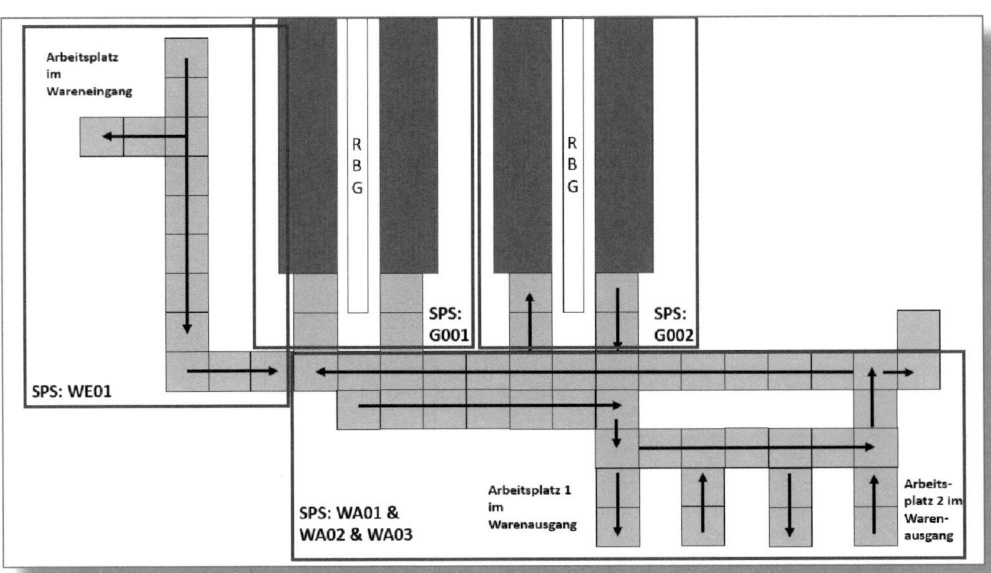

Abbildung 1.3: Beispiellager – SPS-Aufteilung

1.4.2 Meldepunkte

Die bereits erwähnten Scannerpunkte (SC), die einer SPS untergeordnet sind, nennt man *Meldepunkte*.

Meldepunkte können auch mit Waagen, Konturenkontrollen oder Kameras ausgestattet sein und damit komplexere Aufgaben als die Identifizierung und das Routing der jeweiligen HU übernehmen.

Für SAP EWM definiert ein Meldepunkt den Start- bzw. Zielpunkt einer Lageraufgabe. Er stellt den Start, das Ende oder einfach nur einen Wegpunkt auf einer Förderstrecke dar. Seine Benennung ist eindeutig, und er ist nur einer einzigen SPS zugeteilt.

Dabei ist der Meldepunkt in SAP EWM zusätzlich noch mit einem Lagerplatz versehen. Passierende HU werden auf diesen Lagerplatz gebucht, starten von dort aus ihre Zielsuche, und erst wenn sie am nachfolgenden Zielmeldepunkt angekommen sind, werden sie aus dem Lagerplatz des vorherigen Meldepunkts ausgebucht.

Es gibt unterschiedliche Vorgehensweisen für die Wegfindung auf der Fördertechnik, wobei zwischen Paletten- und Behälterfördertechniken zu unterscheiden ist. Palettenfördertechniken binden Sie in die von SAP bereitgestellte *Layoutorientierte Lagerungssteuerung* (alternativ: layoutorientierte Lagersteuerung) ein. Meldepunkte sind entweder über ihren Lagerplatz oder z. B. als zu definierende Lagerungsgruppe eingebunden. Hier erfolgt die Wegberechnung vom Start zum Endlagerpunkt einschließlich der Lagerplatzfindung bei der Einlagerung noch vor Beginn der Bewegung, wenn Sie beispielsweise an Ihrem Arbeitsplatz für eine HU die Funktion »Rücklagerung« auswählen.

Das dynamische Routing der *Behälterfördertechnik* entzerrt dies etwas, indem es die Bewegungen in Einzelschritte aufteilt. Die Meldepunkte haben dabei eine größere Bedeutung und mehr Berechnungsfunktion. Die endgültige Lagerplatzfindung erfolgt erst an einem Meldepunkt am Ende der Wegstrecke, wenn die HU das Lager fast erreicht hat.

Für Meldepunkte definieren Sie bei der Anlage in SAP EWM verschiedene Eigenschaften und Erkennungsmerkmale, auf deren Grundlage z. B. das dahinterliegende MFS-Aktionshandling aufgebaut wird. Bei *MFS-Aktionen* sprechen wir in diesem Zusammenhang vom Coding, das der jeweilige Meldepunkt für die HU ausführt, die ihn gerade passiert.

Zu den Eigenschaften eines Meldepunkts zählen:

- Meldepunktart
- Kapazitäten
- Verfügbarkeitsstatus

Die *Meldepunktart* ergibt im Zusammenspiel mit der Telegrammart, die wir von der SPS erhalten, eine eindeutige Kombination, die über die auszuführende *MFS-Aktion* entscheidet: Wer sendet, und was ist zu tun?

Damit können Sie jedem Meldepunkt einen eigenen Funktionsbaustein zuordnen. Dieser führt die für den Meldepunkt vorgesehene Datenverarbeitung auf Basis der Telegramminhalte aus – seien es die Verbuchung von Daten (wie z. B. dem Gewicht), die Quittierung oder Anlage von Lageraufgaben, die Verarbeitung von Fehlercodes oder anderes.

Ein Meldepunkt kann durch verschiedene MFS-Aktionen auch die Ausführung unterschiedlicher Funktionsbausteine triggern. Ob SAP oder kundeneigenes Coding – hier haben Sie freie Hand. Von Interesse ist die Möglichkeit, durch entsprechend abstrakt gebaute Bausteine identische Meldepunkttypen mit übereinstimmendem Verhalten SPS-übergreifend dem gleichen SAP-Coding zuzuweisen. Dies ermöglicht eine Wiederverwendbarkeit trotz Eins-zu-eins-Beziehung zwischen Meldepunkt und SPS.

Wie könnte das in der Praxis aussehen?

Sie setzen eine HU an einem Startmeldepunkt auf ihrer Förderstrecke auf. Dieser Meldepunkt 1 (MP1) scannt den auf der HU angebrachten Barcode und meldet die HU mithilfe eines Telegramms an SAP EWM. Am MP1 ist ein Konturensensor angebracht, der die HU auf Förderfähigkeit prüft. Ist diese gegeben, lässt die SPS die HU zu dem Entscheidermeldepunkt MP2 fahren. Dieser identifiziert die HU und hat z. B. zwei Möglichkeiten: sie entweder ins Lager zu bringen oder in die Warenausgangszone. Ziel laut Lageraufgabe ist Ersteres, aber das hinter der MFS-Aktion hinterlegte Coding ermittelt eventuell einen zwischenzeitlich entstandenen Bedarf im Warenausgang. Infolgedessen könnte die Lageraufgabe geändert und dem Meldepunkt über dessen SPS ein neues Ziel übermittelt werden, wodurch die SPS die HU nach rechts oder links schickte.

Hierbei entstehen viele Synergien, der Aufwand für Ihre Entwickler lässt sich erheblich reduzieren.

☛ Mehrfachverwendung von Codes beim Handling leerer HU

Das beste Beispiel für eine Synergie bei der Meldepunktverarbeitung ist das Verwalten leerer HU auf der Anlage. Dies wird an vielen unterschiedlichen Stellen SPS-übergreifend gebraucht. Eine leere HU soll in einen separaten Leerbehälterbereich gefahren werden. Diese Logik können Sie in mehreren Lagerbereichen verwenden. Dafür teilen Sie den Meldepunkten, an denen leere HU entstehen, dieselbe MFS-Aktion zu. Diese wird mit dem Funktionsbaustein für das Leerbehälterrouting verbunden, der z. B. prüft, ob die HU in SAP EWM leer ist, und dann für die Leerbehälter eine Lageraufgabe Richtung Lagerbereich anlegt.

Für die Meldepunkte im Wareneingang im Beispiellager werden zwei unterschiedliche Szenarien verwendet: eine für die Palettenfördertechnik und eine für die Behälterfördertechnik.

In einem Beispielszenario mit Paletten finden Sie im Wareneingang folgende Situation vor: Unser Mitarbeiter setzt an seinem Arbeitsplatz (AP) eine HU auf, die ins Hochregallager (HRL) gefahren werden soll. Der dahinterliegende Meldepunkt hat eine Konturen- und Gewichtskontrolle, die ermittelt, ob eine Einlagerung möglich ist. Fällt die Prüfung negativ aus, wird die HU an den Clearing-Platz bzw. *NIO-Platz*

(»Nicht in Ordnung«) oder *Klärplatz* verwiesen. Hier werden Fehlerfälle bearbeitet, wenn etwa zu befürchten ist, dass durch den Transport ein Schaden am Produkt oder am Fahrzeug entstehen könnte. Gründe für mögliche Beschädigungen an Ihrer Förderanlage oder Ihrem Fahrzeug könnten z. B. Überhöhen, Übergewicht oder seitlich wegstehende Teile sein. Förderanlagen und Fahrzeuge haben eine Gewichtsgrenze, wie viel sie befördern bzw. heben können. Seitlich wegstehende Teile oder Überhöhung könnten während der Fahrt zudem zu Beschädigungen an der Fördertechnik oder an Lagerplätzen bzw. am Gebäude führen.

Sobald das Problem beseitigt ist, schickt die Palettenfördertechnik die Palette weiter ins Lager.

Um die Dynamisierung auf der Behälterfördertechnik darzustellen, könnten Sie noch zwei zusätzliche Meldepunkte mit weiteren Funktionen auf der Förderstrecke einbauen. In diesem Fall erfolgt erst weiter hinten auf der Strecke die vorgezogene Umbuchung auf F2-Bestand und kurz vor dem Lager die Gassenfindung.

Für uns ergeben sich so vier unterschiedliche Meldepunkttypen und Aktionen (siehe Tabelle 1.1).

Meldepunkt	Typ	MFS-Aktion
MPWEAP01	Arbeitsplatz – Einlagerung	CreateInboundLB
MPWENIO1	NIO-Meldepunkt	CheckConture
MPWESC01	Bestandsumbuchung	ChangeStockType
MPWESC02	Gassenfindung	DetermineAisle

Tabelle 1.1: Meldepunktdefinition

Um sich die Förderstrecke besser vorstellen zu können, betrachten Sie zusätzlich Abbildung 1.4.

Diese stellt die Meldepunkte der SPS WE01 dar. Die weiteren Meldepunkte für die komplette Förderstrecke finden Sie am Ende dieses Kapitels in Abschnitt 1.6.

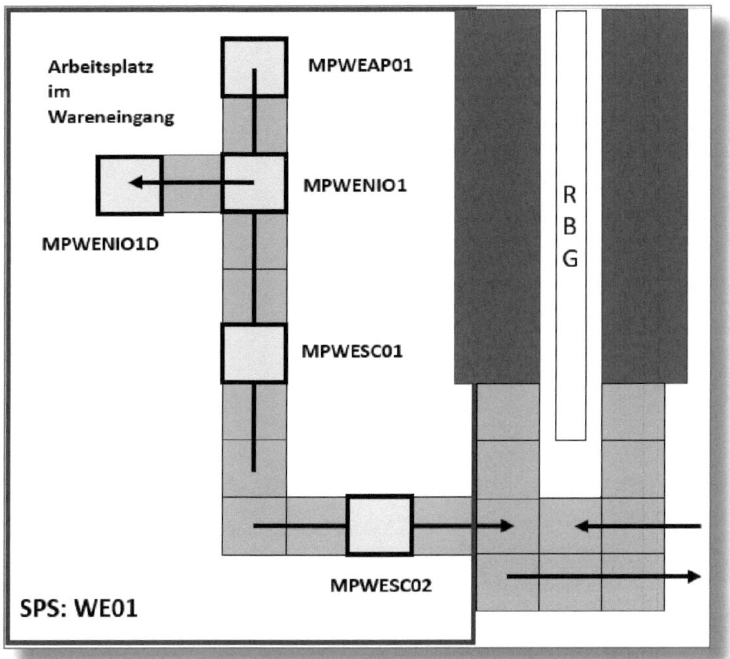

Abbildung 1.4: Aufteilung Meldepunkte Wareneingang

1.4.3 Fördersegment

Die Streckenabschnitte zwischen zwei Meldepunkten können in SAP EWM als *Fördersegmente* definiert werden. Für jedes von ihnen wird eine Kapazität festgelegt (Wie viele HU dürfen gleichzeitig befördert werden?), um Überlastungen bzw. Stausituationen auf der physischen Fördertechnik zu verhindern. Die Fördersegmente werden, wenn sie als Teil der Layoutorientierten Lagerungssteuerung verwendet werden sollen, einem Anfangs- und Endpunkt zugeteilt. Sind sie im Betrieb kapazitätstechnisch ausgelastet, hält SAP EWM automatisch weitere Fahraufträge zurück.

Doch warum ist die *Kapazitätsprüfung* auf unserer Seite wichtig?

Fördertechniken sind immer auf eine bestimmte Anzahl von HU pro Minute oder Stunde ausgelegt, je nach Rechenart und Beförderungsgeschwindigkeit des Anlagenautomatisierers.

Die Beförderungsgeschwindigkeit im Verhältnis zur Fahrstrecke bietet für eine bestimmte Anzahl HU Platz. Dabei ist zu beachten, dass die HU nicht Kante an Kante befördert werden können.

Vor und hinter der HU ist auf der Fördertechnik ein gleichbleibender Abstand einzuhalten. Damit wird sichergestellt, dass während der Fahrt keine HU aneinanderstoßen und dabei beschädigt werden. Der Anlagenautomatisierer spricht in diesem Zusammenhang von einem *Fahrzeitfenster*.

Das Fahrzeitfenster spielt auch bei Abbiegungen eine wichtige Rolle. Das Abbiegen ist eine mechanische Aktion; leichtere HU wie Behälter oder Pakete könnten hier ungewollt mitgezogen werden, wenn sie zu nahe hinter einer abbiegenden HU fahren. Ebenso braucht die Fördertechnik genau dieses Zeitfenster, um eine HU sauber in einen neuen Streckenabschnitt einschleusen zu können.

Befinden sich zu viele HU auf der Fahrstrecke, können diese *Fenstertechniken*, welche die Anlage nutzt, um auf eine Strecke ein- und auszuschleusen, nicht mehr zu 100 Prozent eingehalten werden. Der daraus resultierende Förderstau kann im äußersten Fall zu einer Überforderung der Fördertechnik mit der jeweiligen Menge an HU führen, sodass Letztere manuell von der Fahrstrecke genommen werden müssen.

Um solche Situationen zu vermeiden, müssen Sie aufseiten des SAP EWM Kapazitätsgrenzen setzen und so das Überlaufen von Strecken verhindern. Stellt SAP EWM für ein Fördersegment fest, dass die Kapazitätsgrenze erreicht ist, wird am vorherigen Meldepunkt kein Weitertransport einer HU mehr beauftragt.

! Achten Sie auf die Fördertechnikart!

Wenn Sie Fördersegmente für das Kapazitätshandling einsetzen wollen, sprechen Sie mit Ihrem Anlagenautomatisierer darüber, ob die jeweiligen Anfangspunkte eines Segments auch wirklich auf den Befehl zum Weitertransport durch SAP EWM warten. Dies ist nicht selbstverständlich. Manche Techniken warten allenfalls eine begrenzte Zeit auf ein Signal und entscheiden dann möglicherweise aufgrund ihrer Default-Einstellung selbst über den Weitertransport. Dies könnte schwerwiegende Folgen haben, weil SAP-EWM-Lageraufgaben und physischer Transport nicht mehr übereinstimmten.

Die Fördersegmente sind zudem Teil des späteren Stör- und Wartungsmanagements. Sendet die SPS für einen Meldepunkt oder ein anderes Element innerhalb des Fördersegments eine Störmeldung, kann das gesamte Fördersegment für die Beauftragung gesperrt werden. Ebenso lassen sich die Fördersegmente in einem Wartungsfall gezielt über den *Lagerverwaltungsmonitor* (LVM) sperren. Diese und weitere Auswertungs- sowie Steuerungsmöglichkeiten, die Ihnen der LVM über SAP EWM standardmäßig anbietet, behandle ich detailliert in Abschnitt 4.3.

Fördersegmente im Wareneingang (WE) und Warenausgang (WA)

Für unser Lager bereiten Sie sich mit zwei Fördersegmenten auf Störfälle und Wartungsfälle vor. Am häufigsten von Störungen und Wartungen betroffen sind die Fahrzeuge innerhalb des Automatiklagers. Sollten diese nicht mehr in der Lage sein einzulagern, kommt es schnell zum Überlauf der Fördertechnik – vor allem, wenn immer weitere HU aufgesetzt werden. Fragen Sie sich bei der Planung Ihres Lagers: Wo lässt sich verhindern, dass weitere HU auf die Fördertechnik aufgesetzt werden, wenn nichts mehr aus der Fördertechnik ausgeschleust werden kann?

In unserem Lager sind das die folgenden drei Bereiche:

- an der Zuführung des Wareneingangs
- am Arbeitsplatz im Wareneingang
- auf den Auslagerbahnen der Regalbediengeräte

Aus dieser beispielhaften Planung ergibt sich für unser Lager die folgende Definition von Fördersegmenten:

- FÖRDERSEGMENT WE (siehe Abbildung 1.5): Hier verhindern Sie sofort am Beginn der Fördertechnik den Weitertransport Richtung Einlagerung.

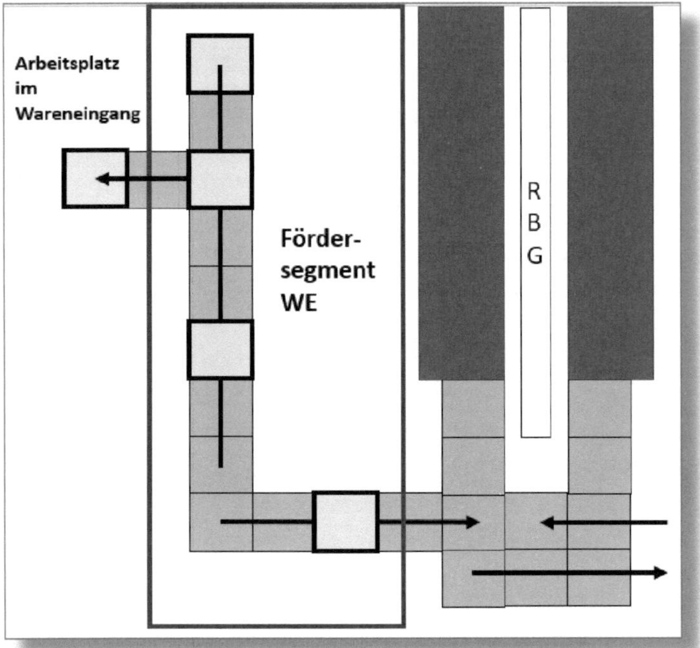

Abbildung 1.5: Fördersegment Wareneingang

- FÖRDERSEGMENT WA (siehe Abbildung 1.6): Das Fördersegment umfasst die Aufsetzpunkte an den Arbeitsplätzen und die Auslagerbahnen des Automatiklagers.

Dank dieses Aufbaus werden die Einlagerbahnen nicht gesperrt, sie können weiterhin HU von der Anlage ins Lager befördern, ohne dass neue eingeschleust werden, wodurch sich die Fördertechnik sukzessive leert.

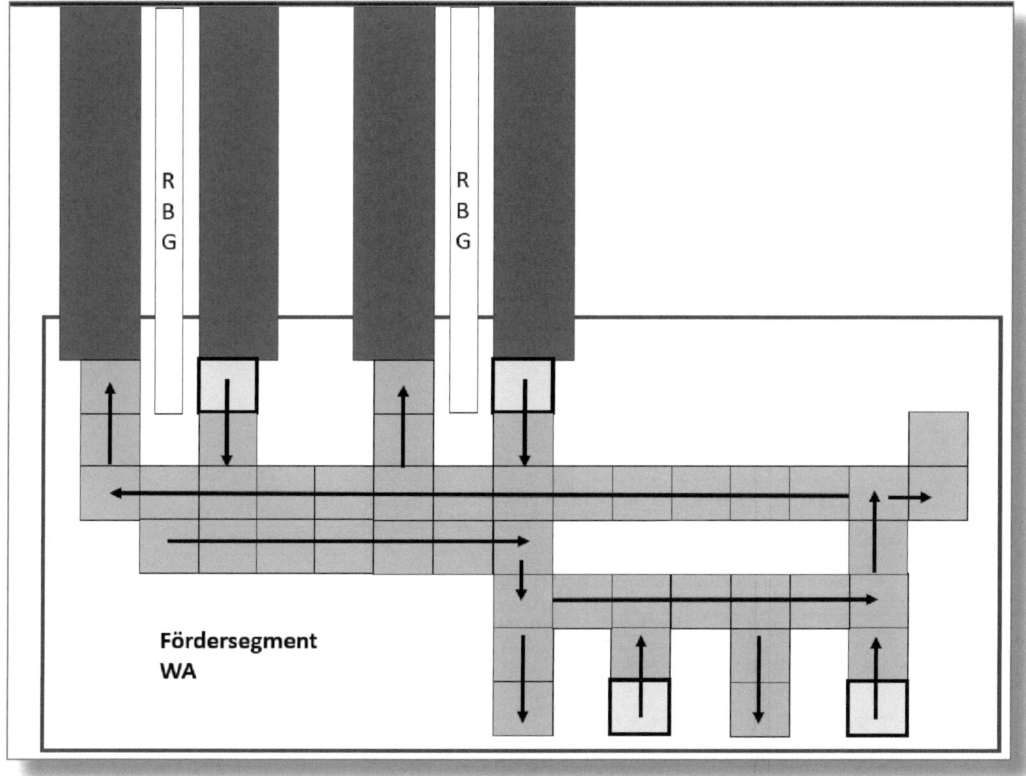

Abbildung 1.6: Fördersegment Warenausgang

1.4.4 Ressourcen

Wo die Meldepunkte den Transport der HU über die Förderstrecken koordinieren, übernehmen Fahrzeuge den Part der Ein- und Auslagerung innerhalb des Lagerkomplexes. Sie stellen das letzte und gleichzeitig erste Element in der Kette des Materialflusses dar. Klassische Beispiele sind hierbei Regalbediengeräte innerhalb eines Hochregallagers bzw. eines Commissioners oder auch Shuttlefahrzeuge aus einem Shuttlelager.

Je nach Aufbau und Art des automatisierten Lagerbereichs können Sie verschiedene Fahrzeugtypen an das SAP EWM anbinden. Diese werden alle unter dem Begriff »Ressourcen« gebündelt. Dieses Element wird auch in manuellen Lagern verwendet, um von Menschen gesteuerte Transportfahrzeuge mit Aufträgen zu versorgen.

Automatische Fahrzeuge können mit einem oder mehreren eigenen Ressourcentypen integriert werden. Nicht jeder Fahrzeugtyp entspricht einem eigenen Ressourcentyp; die dafür notwendigen Kriterien sind beispielsweise folgende:

- Ist es möglich, eine Doppelspielstrategie zu aktivieren?
- Welcher Auftragspuffer ist vorhanden?
- Wie sehen die Schritte der Telegrammkommunikation im Rahmen eines Auftrags aus?
- Werden Aufträge in Einzelschritten bearbeitet oder als gesamter Fahrzyklus? Ist eine Vorabbeauftragung möglich?
- Wie ist das Stör- bzw. Fehlerfallhandling? Welche Fehlercodes und Fälle müssen abgefangen und behandelt werden?

Was heißt das im Klartext?

Es kann somit einerseits sinnvoll sein, identische Fahrzeugtypen von unterschiedlichen Herstellern im gleichen Ressourcentyp zusammenzufassen, oder andererseits, Fahrzeugtypen desselben Herstellers, die im gleichen Lagertyp arbeiten, zu trennen.

Wie die Meldepunkte sind auch die einzelnen Fahrzeuge einer SPS zugeordnet und kommunizieren über deren Kommunikationskanal mit dem SAP EWM.

Besteht im Bereich der Fördertechnik Ihre größte Herausforderung in der optimalen Wegfindung – wobei Sie das SAP EWM mit der Layoutorientierten Lagerungssteuerung oder dem Behälterrouting unterstützt –, liegt bei den Ressourcen das primäre Interesse in der Leerwegreduzierung.

Das SAP EWM stellt uns hierfür standardmäßig eine Doppelspielstrategie für Regalbediengeräte zur Verfügung. Die Ressource wählt dabei aus ihrem Auftragspool zusammenpassende Aufträge aus und fährt mit nur einer gemeinsamen Beauftragung je eine Ein- und Auslagerung auf einmal. Voraussetzung ist lediglich, dass in diesem Moment beide Aufträge vorhanden sind.

Das Doppelspiel kann jedoch auch so aussehen, dass nach einer Auslagerung immer zuerst auf eine vorhandene Einlagerung geprüft und diese zuerst gefahren wird – ebenso umgekehrt.

Die Queue der Ressource sammelt und steuert die Lageraufgaben, die durch die Ressource gefahren werden.

Zusätzlich gehören zum Verwaltungsbereich der Ressourcen auch die Ein- und Auslagerbahnen der jeweiligen Ressource. Sie werden als Teil der Ressource betrachtet (siehe Abbildung 1.7).

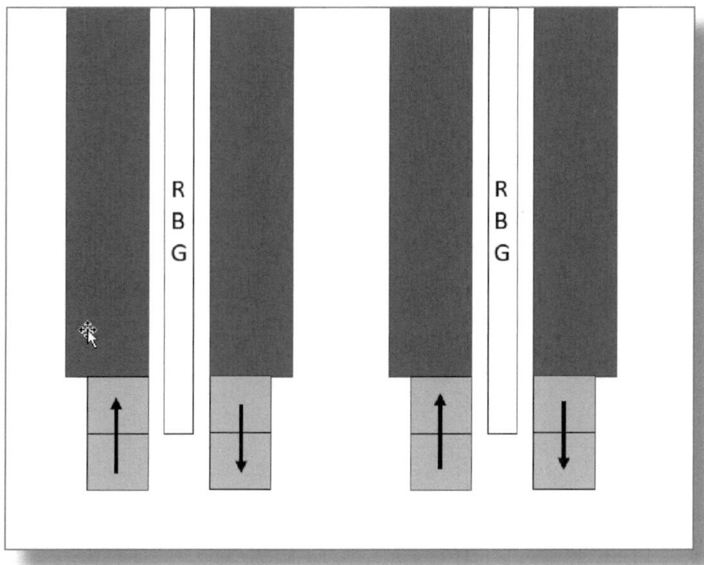

Abbildung 1.7: Regalbediengeräte – Schema

1.5 Lageraufgabenhandling

Die physikalische Bewegung der HU durch die Fördertechnik wird in SAP EWM wie bei manuellen Lagern durch Lageraufgaben abgebildet. Da, wie bereits in Abschnitt 1.4.2 erwähnt, Meldepunkte Lagerplätze darstellen können, bewegt die Fördertechnik die HU von Meldepunkt zu Meldepunkt. Wird von einem Arbeitsplatz eine Ein- oder Auslagerung angestoßen, werden auf Basis der Layoutorientierten Lagerungssteuerung des SAP EWM eine oder mehrere Lageraufgaben angelegt. Bei Ankunft quittieren Meldepunkte die Lageraufgaben und legen neue für den Weitertransport an.

Der Materialfluss in SAP EWM nutzt das Lageraufgabenhandling sehr intensiv. Deswegen gebe ich Ihnen hier einen wichtigen Tipp zum Thema Materialfluss.

Archivieren Sie Ihre Belege!

Um die Bewegungen auf der Fördertechnik nachvollziehbar zu machen, werden viele Belege und Protokolle erzeugt. Beschäftigen Sie sich daher frühzeitig mit dem Thema Archivierung. Richten Sie diese ein, und lassen Sie sie in sinnvollen Abständen laufen. Je nach Größe des Lagers sollten die Lageraufgaben des MFS teilweise bereits nach sieben Tagen oder sogar schneller archiviert werden, um Performanceprobleme oder auch Datenbankalerts zu vermeiden, die entstehen, wenn Tabellen zu groß sind. Auch die Applikationslogs BALDAT und BALHDR sollten in regelmäßigen Abständen gelöscht oder archiviert werden.

Wie die Archivierung im Materialfluss funktioniert, wird in Abschnitt 5.3 erklärt. Besprechen Sie Ihr Archivierungskonzept frühzeitig mit den Data-Sciences-Kollegen, die eventuell auf Ihrem System Datenauswertungen fahren – so können diese die Datenbeladungen entsprechend planen.

Die Layoutorientierte Lagerungssteuerung baut auf Ihrem bestehenden Lagerlayout auf. Wie bei einem manuellen Lager definieren Sie Lagertypen und Lagerbereiche und customizen diese genauso, wie Sie es gewöhnt sind; allerdings müssen Sie hier auch die automatisierten Anlagen und Förderstrecken berücksichtigen. Diese Grundlagen benötigten Sie später für die Integration der Fördertechnik.

Wie aber werden die Meldepunkte in die Layoutorientierte Lagerungssteuerung und generell in Ihr Lagerlayout integriert?

Für diesen Aufbau gelten folgende Voraussetzungen:

- Neben den Start- und Ziellagertypen definieren Sie einen oder mehrere Zwischenlagertypen, unter denen Sie später die Lagerplätze der Meldepunkte zusammenfassen können. Bei deren Anlage werden sie mit den Meldepunkten verknüpft (siehe Abschnitt 2.1.3).
- Diesen Zwischenlagertypen ordnen Sie die HU-Typen zu, die Sie über die Fördertechnik bewegen wollen. Manchmal kann das bedeuten, dass sich bestimmte HU-Typen nur mithilfe weiterer Typen, z. B. Gitterboxen oder Kartons, über die Zwischenlagertypen bewegen lassen.
- Zusätzlich brauchen Sie für die Bewegungen noch eine Lagerprozessart.

Lagerprozessart MFS

Definieren Sie für Ihre Bewegungen auf den Fördertechniken eine eigene Lagerprozessart, um diese Bewegungen leichter von manuellen Transporten unterscheiden zu können. Diese Unterscheidung hilft Ihnen in späteren Schritten ungemein bei der Fehleranalyse, in Clearing-Fällen oder auch bei Auswertungen der Bewegungen über Ihre Fördertechnik. Auch Ihr Controlling wird es Ihnen danken, wenn es die Prozesskosten Ihrer Logistikprozesse ermitteln will.

Die Lagerplätze, die den Meldepunkten zugeordnet werden, werden innerhalb einer Lagerungsgruppe zusammengefasst. Das ermöglicht Ihnen z. B. eine Einlagerung über beliebig viele Zwischenschritte und gleichzeitig, abgebildet über Meldepunkte und Meldepunktlagerplätze, die Verfügbarkeit des Bestands bereits auf der Fördertechnik. So können auch Unterwegsbestände für die Anlage von Lieferungen verfügbar gemacht werden.

Innerhalb des Warenausgangsprozesses lässt sich dieses Handling mit dem Wellenmanagement verbinden, sofern ein solches bei Ihnen im Einsatz ist.

1.6 Zusammenfassung der Elemente des Beispielszenarios

Im Folgenden finden Sie eine zusammenfassende Übersicht über die einzelnen Elemente unseres Beispiellagers und ihre Aufteilungen – die Grundlage für die späteren Kapitel. Für das Hochregallager sind hier auch Standard-SAP-EWM-Customizing-Elemente wie die Lagernummer, Lagertypen, -bereiche, Arbeitsplätze usw. gelistet, die als Voraussetzung für den späteren Aufbau gebraucht werden.

1.6.1 Förderstrecke Wareneingang (WE)

Die **WE-Förderstrecke** hat folgende Elemente:

- WE01 – SPS-Steuerung für den Wareneingang
- MPWEAP01 – Aufsetzpunkt am Arbeitsplatz
- MPWENIO1 – NIO-Meldepunkt inkl. Höhen- und Konturenkontrolle
- MPWENIO1D – Ausschleusung auf den NIO-Platz
- MPWESC01 – Umbuchung F1 auf F2
- MPWESC02 – Gassenentscheidung

Mit diesen Elementen versorgen Sie einen Arbeitsplatz im Wareneingang. Der Wareneingangsprozess, die Verarbeitung am Arbeitsplatz, Yard-Management etc. werden hier nicht näher betrachtet. Sie starten mit fertig für die Einlagerung verpackten Paletten, die auf die Fördertechnik gestellt werden können.

1.6.2 Hochregallager

Das **Hochregallager** hat folgende Elemente:

- SPS-Steuerungen – G001 und G002
- zwei Übergabeplätze der Gassen zur Einlagerung – Kapazität zwei Paletten
- zwei Übergabeplätze der Gassen zur Auslagerung – Kapazität eine Palette
- zwei Gassen – einfachtiefe Stellplätze
- zwei Regalbediengeräte – RBG1, RBG2 (LAM-Kapazität jeweils eine Palette)

An die Lagerplätze innerhalb des Hochregallagers werden keine besonderen Anforderungen gestellt. Sie können diese also den tatsächlichen Verhältnissen in Ihrem Lager entsprechend customizen – mit Beschränkungen, unterschiedlichen Tiefen, Warenbeschränkungen usw. Die Lagerplatzfindung im SAP-EWM-Standard kann mit diesen Einstellungen problemlos umgehen, sie wird unser Beispielszenario nicht beeinflussen. Auch an die Größe des Automatiklagers bzw. an die Anzahl der Lagerplätze oder deren genauen Maße werden keine besonderen Anforderungen gestellt.

Auf die Lagerplatzfindung selbst gehe ich nicht im Einzelnen ein, sondern orientiere mich in diesem Punkt komplett an dem Standard von SAP EWM. Sollten Sie diesen Standard bereits erweitert haben oder eine eigens geschriebene Lagerplatzfindung nutzen, können Sie diese weiterverwenden.

1.6.3 Warenausgang

Der **Warenausgang** besitzt folgende Elemente:

- **Arbeitsplatz 1** mit Förderstecke und den Meldepunkten:
  - WA01 – Steuerung für Warenausgang Arbeitsplatz 1
  - MPWAAP001 – Ankunftspunkt am Arbeitsplatz

    - MPWAAPI01 – Aufsetzpunkt am Arbeitsplatz Richtung Lager
- **Arbeitsplatz 2** mit Förderstecke und den Meldepunkten:
    - WA02 – Steuerung für Warenausgang Arbeitsplatz 2
    - MPWAAPO02 – Ankunftspunkt am Arbeitsplatz
    - MPWAAPI02 – Aufsetzpunkt am Arbeitsplatz Richtung Lager
- **Warenausgang**, Förderstrecke:
    - WA03 – Steuerung für den Loop vor dem Lager
    - MPWAOSC01 – Scannerpunkt Outbound-Lager in Richtung der Arbeitsplätze
    - MPWAOSC02 – Scannerpunkt Outbound-Lager für die Arbeitsplatzentscheidung
    - MPWAISC01 – Scannerpunkt Inbound-Lager von den Arbeitsplätzen kommend
    - MPWAISC02 – Scannerpunkt Inbound-Lager von den Arbeitsplätzen kommend

Auch im Warenausgang werden die Arbeitsplätze selbst nicht eigens behandelt. Für uns zählen nur die Meldepunkte an den Arbeitsplätzen. Wie Sie die Arbeitsplätze benennen, ausstatten und berechtigen, ist für das Szenario unerheblich, denn auch hier beginnen Sie mit fertig gepackten Paletten oder rücklagerfertigen Paletten, die auf die Förderstrecke gesetzt werden.

Des Weiteren arbeiten Sie mit folgenden SAP-EWM-Standard-**Customizing-Elementen**:

- DEWH – Lagernummer
- HRL1 – Lagertyp

2 Konzeptionelle Aufteilung und Einrichtung eines Lagers

In diesem Kapitel lernen Sie das Customizing und die Einrichtung Ihres Lagers kennen. Beim Customizing gehen Sie in drei großen Schritten vor. Den Anfang machen die Materialflusskomponenten (SPS, Meldepunkte, Fördersegmente) und die Kommunikationsschnittstellen. Wenn die Meldepunkte fertig eingerichtet sind, beschäftigen wir uns mit der Einrichtung des Lagerlayouts, der Grundlage für Wegfindung und Routing. Anschließend beginnen Sie mit dem Customizing der Fahrzeuge. Danach gibt es einen kleinen Ausflug zu den Besonderheiten der Behälterfördertechniken. Ist das Customizing grundsätzlich abgeschlossen, machen Sie einen kleinen Sicherheitscheck. Haben Sie überall die Kapazitätsgrenzen beachtet, sind Sie gegen eine Überfüllung gefeit? Und dann geht's auch schon zum ersten virtuellen Fahrtest.

2.1 Customizing der Materialflusskomponenten

Wie schon bei der Begriffsdefinition, beginnen wir bei der obersten Ebene und arbeiten uns nach unten durch.

2.1.1 Speicherprogrammierbare Steuerung (SPS)

Stufe 1 ist die SPS. Für unser Beispiellager haben Sie die in Tabelle 2.1 genannten SPS definiert.

SPS	Beschreibung
WE01	Steuerung Wareneingang alle Elemente
G001	Steuerung Hochregal Gasse 1
G002	Steuerung Hochregal Gasse 2
WA01	Steuerung Warenausgang Arbeitsplatz 1
WA02	Steuerung Warenausgang Arbeitsplatz 2
WA03	Steuerung Warenausgang Fördertechnik

Tabelle 2.1: Liste der SPS

Die Einrichtung einer SPS geschieht in drei Schritten über

- einen SPS-Schnittstellentyp,
- die Definition der SPS sowie
- die Einrichtung eines Kommunikationskanals (siehe Abschnitt 2.1.2).

In der Transaktion *SPRO* finden sich diese Elemente unter dem Pfad SCM EXTENDED WAREHOUSE MANAGEMENT • EXTENDED WAREHOUSE MANAGEMENT • MATERIALFLUSSSYSTEM (MFS) • STAMMDATEN.

Für den *SPS-Schnittstellentyp* entscheidend ist die Überlegung, welche Elemente später hinter der SPS hängen und kommunizieren sollen. Unsere Wareneingangs- und Warenausgangs-SPS steuern einzig Meldepunkte, die SPS G001 und G002 zusätzlich die Fahrzeuge.

Daher empfiehlt es sich für unser Szenario, zwei Schnittstellentypen anzulegen, einen für *meldepunktspezifische Kommunikation* und einen für *ressourcenspezifische Kommunikation* (siehe Abbildung 2.1).

Sie definieren diese in der Transaktion *SPRO* unter SCM EXTENDED WAREHOUSE MANAGEMENT • EXTENDED WAREHOUSE MANAGEMENT • MATERIALFLUSSSYSTEM (MFS) • STAMMDATEN • SPS-SCHNITTSTELLENTYP DEFINIEREN.

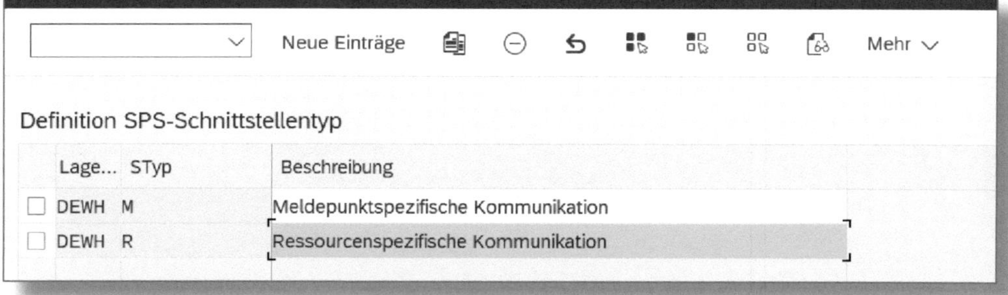

Abbildung 2.1: SPS-Schnittstellentypen einrichten

Der nächste Schritt ist die Einrichtung der SPS. Sie geben dabei den SPS die Grundstruktur der Telegramme mit. Diese Grundstrukturen werden im Data Dictionary (DDIC) definiert. Hier ist normalerweise eine Abstimmung mit Ihrem Anlagenautomatisierer notwendig.

> **☛ Der Anlagenautomatisierer hat Recht!**
>
> Richten Sie sich bei der Definition und Einrichtung der SPS unbedingt nach Ihrem Anlagenautomatisierer. SAP EWM lässt sich gut und flexibel auf seine Bedürfnisse anpassen. Viele Telegrammstrukturen sind ähnlich und unterscheiden sich manchmal nur in der Reihenfolge. Der Aufwand bei einer Umstellung wäre für den Anlagenautomatisierer meist um ein Vielfaches höher und rechnet sich häufig nicht. Bevor Sie gleich mit eigenen Strukturen loslegen, lesen Sie bitte Kapitel 3.

Wie der Telegrammaufbau im Detail funktioniert und wie Sie diese Nachrichten lesen und auswerten, erfahren Sie in Kapitel 3. Hier konzentrieren sich die Ausführungen auf das Customizing.

Von Bedeutung ist, dass Sie im folgenden Customizing zweimal Strukturen für den Telegrammverkehr angeben müssen. Für die SPS ist nur der *Telegrammkopf* interessant, dessen Daten jedes Telegramm enthalten muss. Weiterführende Infos wie HU-Ident, Gewichte, Auftragsnummern etc. sind in der Gesamtstruktur hinterlegt.

Wir verwenden in unserem Beispiel die Standardkopfstruktur der SAP namens */SCWM/S_MFS_TELECORE*. Den Aufbau der Struktur und ein Beispiel, wie Telegramminhalte aussehen können, sehen Sie in Abbildung 2.2.

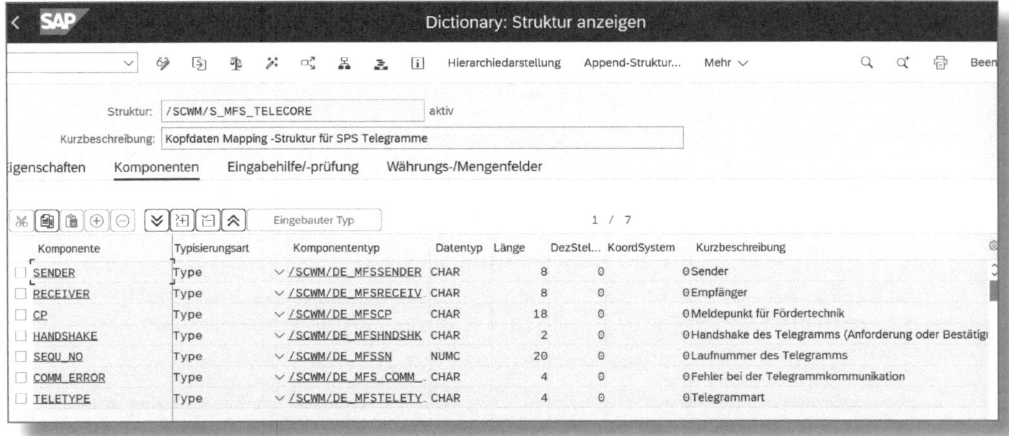

Komponente	Typisierungsart	Komponententyp	Datentyp	Länge	DezStel...	KoordSystem	Kurzbeschreibung
SENDER	Type	/SCWM/DE_MFSSENDER	CHAR	8	0	0	Sender
RECEIVER	Type	/SCWM/DE_MFSRECEIV	CHAR	8	0	0	Empfänger
CP	Type	/SCWM/DE_MFSCP	CHAR	18	0	0	Meldepunkt für Fördertechnik
HANDSHAKE	Type	/SCWM/DE_MFSHNDSHK	CHAR	2	0	0	Handshake des Telegramms (Anforderung oder Bestätig
SEQU_NO	Type	/SCWM/DE_MFSSN	NUMC	20	0	0	Laufnummer des Telegramms
COMM_ERROR	Type	/SCWM/DE_MFS_COMM_	CHAR	4	0	0	Fehler bei der Telegrammkommunikation
TELETYPE	Type	/SCWM/DE_MFSTELETY	CHAR	4	0	0	Telegrammart

Abbildung 2.2: Strukturaufbau »/SCWM/S_MFS_TELECORE«

Neben der Telegrammkopfstruktur braucht unsere SPS noch *Lagerprozessarten* für die Bewegungen. Die entsprechenden Einstellungen für *WE01* zeigt Abbildung 2.3.

Sie verwenden hier die Kennung *3080* für interne Lagerbewegungen (UMLAGERUNG – LPA) und Störfälle (PROZESSART FEHLERFALL). Diese Lagerprozessart nutzt das System, wenn es aufgrund von Fehlercodes oder gemeldeten Ausnahmen HU zu NIO-Plätzen (in SAP EWM oft auch »Klärplätze« genannt) ausschleusen muss. Achten Sie immer darauf, dass die von Ihnen verwendete Lagerprozessart Sofortquittierungen zulässt. Das System braucht die Möglichkeit, im Fehlerfall sofort umbuchen bzw. umlagern zu können.

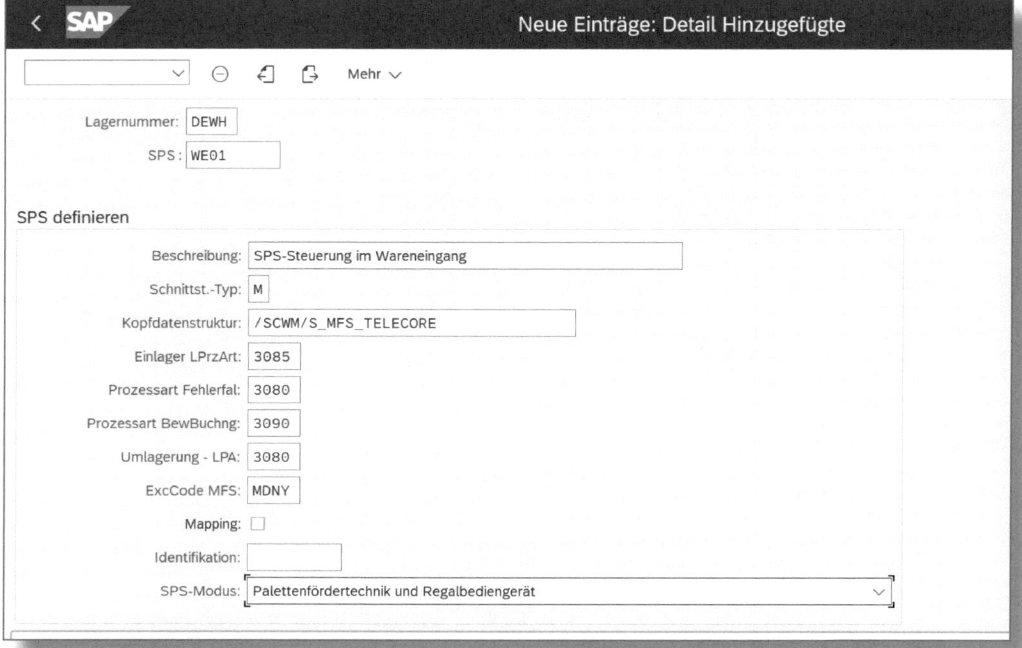

Abbildung 2.3: Definition einer SPS

Außerdem ist aus Abbildung 2.3 ersichtlich, dass *3085* für Einlagerungen (EINLAGER LPRZART) und *3090* für die Verbuchung einer Bewegung von Meldepunkt zu Meldepunkt (PROZESSART BEWBUCHNG) verwendet werden.

Zuletzt definieren Sie noch die IDENTIFIKATION, also mit welchem Namen die Anlage das SAP-System anspricht. Innerhalb der Telegramme wird im Kopf immer eine Sender- und eine Empfängerinformation ausgetauscht. In unserem Fall könnte die Identifikation z. B. *SAP1* oder *EWM1* lauten.

Achten Sie auch auf den SPS-MODUS.

Ihnen stehen drei Varianten zur Auswahl:

- *Palettenfördertechnik und Regalbediengerät*
- *Behälterfördertechnik*
- *Behälterfördertechnik und Regalbediengerät*

Sollten Sie ein Behälterlager haben und später das Verhalten des SAP-Systems hierfür anpassen wollen, müssen Sie einen der beiden zuletzt genannten Modi wählen (die Besonderheiten der Behälterfördertechnik erklärt Abschnitt 2.7). Ansonsten wählen Sie *Palettenfördertechnik und Regalbediengerät*.

Legen Sie nun die restlichen SPS analog an. Nur die SPS der Hochregalgassen G001 und G002 bekommen den vorher festgelegten Schnittstellentyp *R* (siehe Abbildung 2.1). Das fertige Customizing sehen Sie im Überblick in Abbildung 2.4.

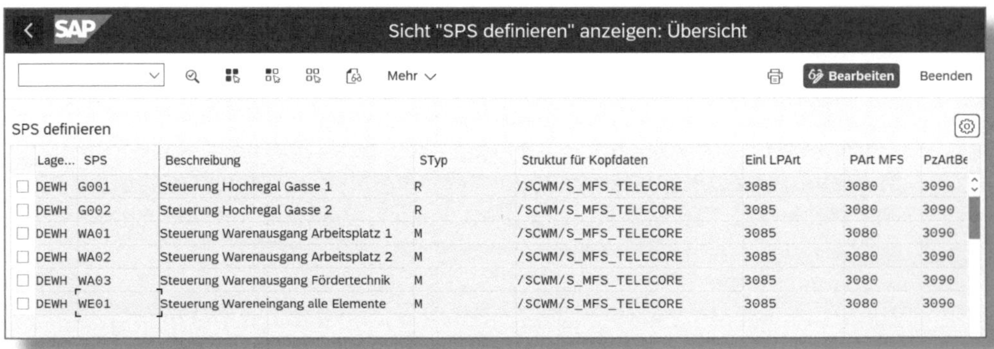

Lage...	SPS	Beschreibung	STyp	Struktur für Kopfdaten	Einl LPArt	PArt MFS	PzArtBe
DEWH	G001	Steuerung Hochregal Gasse 1	R	/SCWM/S_MFS_TELECORE	3085	3080	3090
DEWH	G002	Steuerung Hochregal Gasse 2	R	/SCWM/S_MFS_TELECORE	3085	3080	3090
DEWH	WA01	Steuerung Warenausgang Arbeitsplatz 1	M	/SCWM/S_MFS_TELECORE	3085	3080	3090
DEWH	WA02	Steuerung Warenausgang Arbeitsplatz 2	M	/SCWM/S_MFS_TELECORE	3085	3080	3090
DEWH	WA03	Steuerung Warenausgang Fördertechnik	M	/SCWM/S_MFS_TELECORE	3085	3080	3090
DEWH	WE01	Steuerung Wareneingang alle Elemente	M	/SCWM/S_MFS_TELECORE	3085	3080	3090

Abbildung 2.4: Übersicht aller definierter SPS

2.1.2 Kommunikationskanäle

Um die Einrichtung der SPS abzuschließen, bedarf es der Definition Ihrer Kommunikationskanäle.

Auch hier sind Sie nicht allein unterwegs. Die Nachrichtenverbindung zur SPS bauen Sie anhand Ihrer IP und Ihres Ports auf. Und das ruft neben dem Anlagenautomatisierer auch Ihre Netzwerkabteilung auf den Plan.

> **Geschwindigkeit zählt**
>
> Je nach Ihrer Netzwerkstruktur bedarf es beim Aufbau der Nachrichtenverbindungen Anpassungen und Freischaltungen auf Firewalls. Der Datentransfer sollte jederzeit ungehindert und schnell den kürzesten Weg nehmen, ohne dass Ihre Firma dabei Sicherheitseinbußen befürchten muss. Binden Sie daher die Kollegen frühzeitig in die Planung und den Aufbau mit ein. Ihre Fördertechnik ist auf schnelle Antworten angewiesen, der Netzwerkanteil der Kommunikation sollte deshalb von Anfang an gering gehalten werden.

In unserem Beispiel bekommt jede SPS einen Kommunikationskanal. Wenn Sie (noch) keine echte Anlage haben, mit der Sie kommunizieren, können Sie sich mit der Loopback-IP 127.0.0.1 behelfen. Diese wird nicht sofort beim Customizing benötigt, sondern erst später bei der Stammdatenpflege.

In der Transaktion *SPRO* über den Customizing-Pfad SCM Extended Warehouse Management • Extended Warehouse Management • Materialflusssystem (MFS) • Stammdaten • Kommunikationskanal finden Sie drei Unterpunkte für das Anlegen der Kanäle (siehe Abbildung 2.5).

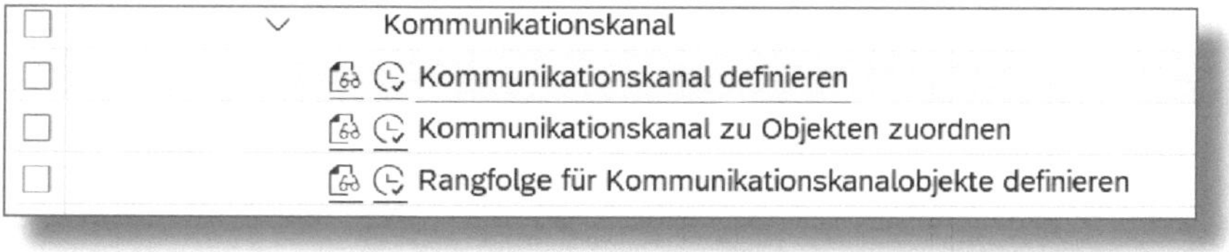

Kommunikationskanal
- Kommunikationskanal definieren
- Kommunikationskanal zu Objekten zuordnen
- Rangfolge für Kommunikationskanalobjekte definieren

Abbildung 2.5: Transaktion »SPRO« – Kommunikationskanal anlegen

In unserem Szenario legen Sie nur einen Kanal an, es besteht somit keine Notwendigkeit, eine Rangfolge der Kanalobjekte zu definieren.

Erstmal halten Sie hier nur die leeren Kommunikationskanäle vor. Sie können, wie in Abbildung 2.6 dargestellt, die höchsten Laufnummern von Sender (Spalte Höchste Lfnr Senden) und Empfänger (Höchste Lfnr Empfangen) vergeben. Darunter ist so etwas wie ein Nummernkreis zu verstehen, der später für den Telegrammverkehr verwendet wird. Diesbezügliche Vorgaben hierfür erhalten Sie von Ihrem Anlagenautomatisierer. Lässt dieser Ihnen freie Hand, können Sie defaultmäßig den Wert *9999* eintragen (siehe Abbildung 2.6). Mehr zu den Laufnummern und deren Verwendung erfahren Sie in Kapitel 3.

Kommunikationskanal definieren

Lage...	SPS	KommKanal	TeleWiederholung	Intervall TeleWied.	höchste Lfnr Senden	höchste Lfnr Empfangen	Füllz.	HndSh
DEWH	G001	1	0	0	9999	9999		
DEWH	G002	1	0	0	9999	9999		
DEWH	WA01	1	0	0	9999	9999		
DEWH	WA02	1	0	0	9999	9999		
DEWH	WA03	1	0	0	9999	9999		
DEWH	WE01	1	0	0	9999	9999		

Abbildung 2.6: Transaktion »SPRO« – Übersicht der angelegten Kanäle

Die Kanäle regeln viele Details der Telegrammkommunikation wie

- den Handshake mit der Anlage,
- wie Telegramme quittiert werden sollen,
- wie oft sich Telegramme wiederholen,
- in welchen Intervallen sich Telegramme wiederholen

und viele weitere Details.

Lassen Sie diese Felder erst einmal leer. Sie werden sich damit in Kapitel 3 im Detail beschäftigen. Dort werden die einzelnen Schritte der Telegrammverarbeitung und das Zusammenspiel mit dem Customizing erklärt.

Die Punkte KOMMUNIKATIONSKANAL ZU OBJEKTEN ZUORDNEN und RANGFOLGE FÜR KOMMUNIKATIONSKANALOBJEKTE DEFINIEREN (siehe Abbildung 2.5) customizen Sie nur, wenn Sie mehr als einen Kommunikationskanal pro SPS haben. Das ist dann sinnvoll, wenn die Menge der Telegramme zu groß wird. Sie teilen in diesem Fall die der SPS fest zugeteilten Kanäle auf Objekte auf, z. B. auf Telegrammarten, Ressourcen oder auch Meldepunkte.

Gassen-SPS auf zwei Kanäle aufteilen

In einer Hochregalgasse kommunizieren über den Kommunikationskanal das Regalbediengerät, die Ein- und Auslagerlagerbahnen und eventuell noch davorliegende Meldepunkte, die Lagerplatzfindungen ausführen. Wenn Sie hier das Regalbediengerät isoliert ansprechen wollen, definieren Sie einen zweiten Kommunikationskanal und ordnen ihn dem Objekt »Ressource« zu, das Sie danach beim Festlegen der Objektrangfolge priorisieren. Eventuelle Fahrzeugstörungen beeinflussen damit nicht mehr die Fördertechnik vor der Hochregalgasse und andersherum, da die Ressource immer über einen eigenen Kanal kommuniziert und infolgedessen nicht warten muss, bis eine Störung als behoben gemeldet wird und der Telegrammverkehr weitergeht.

2.1.3 Meldepunkte

Ihre Meldepunkte legen Sie in drei Schritten an: Zuerst definieren Sie die Arten, dann die Meldepunkte und fassen diese zum Schluss zu Gruppen zusammen.

Wie bereits bei der Begriffserklärung erwähnt, können Sie über die Meldepunktarten (MPArt) Meldepunkte nach ihren Funktionen zusammenfassen, damit sie die gleiche MFS-Aktion ausführen.

Unser Szenario umfasst 13 Meldepunkte in den SPS WA01 bis WA03 und WE01.

Am einfachsten lassen sich die Meldepunkte an den Arbeitsplätzen zu zwei Meldepunktarten zusammenfassen. Hier haben Sie die Aufsetzpunkte am Arbeitsplatz und die Ankunftsmeldungen am Arbeitsplatz, die identisch funktionieren sollen.

Wenn Sie nach diesem Schema vorgehen und die Meldepunkte nach ihren Gemeinsamkeiten zusammenfassen, ergibt sich die in Tabelle 2.2 dargestellte Liste.

MPArt	Beschreibung	Funktion	Meldepunkte
AAWS	Ankunft am Arbeitsplatz	HU auf Arbeitsplatz umbuchen	MPWAAPO01 MPWAAPO02
SFWS	Rücklagerung vom Arbeitsplatz ins Lager	Rücklagerung ins Lager anstoßen	MPWEAP01 MPWAAPI01 MPWAAPI02
NIOC	Gewichts- und Konturenprüfung	Gewichts- und Konturenprüfung	MPWENIO1 MPWENIO1D MPWAISC01
CHSC	Umbuchung von F1 auf F2	Umbuchung von F1 auf F2	MPWESC01
DTAI	Gasse für Einlagerung ermitteln	Gasse für Einlagerung ermitteln	MPWESC02 MPWAISC02
DTWS	Arbeitsplatzentscheider	Arbeitsplatzentscheider	MPWAOSC01 MPWAOSC02

Tabelle 2.2: Meldepunktarten für Meldepunkte festlegen

Die 13 Meldepunkte fassen Sie zu sechs Meldepunktarten zusammen. Aus der Funktion wird später die MFS-Aktion, die von der jeweiligen Meldepunktart ausgeführt wird.

Unter dem Customizing-Pfad SCM Extended Warehouse Management • Extended Warehouse Management • Materialflusssystem (MFS) • Stammdaten • Meldepunktarten definieren legen Sie nun die Meldepunktarten an (siehe Abbildung 2.7).

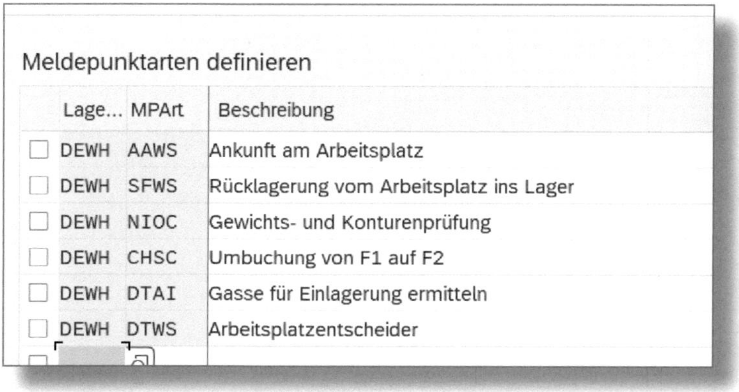

Meldepunktarten definieren

Lage...	MPArt	Beschreibung
DEWH	AAWS	Ankunft am Arbeitsplatz
DEWH	SFWS	Rücklagerung vom Arbeitsplatz ins Lager
DEWH	NIOC	Gewichts- und Konturenprüfung
DEWH	CHSC	Umbuchung von F1 auf F2
DEWH	DTAI	Gasse für Einlagerung ermitteln
DEWH	DTWS	Arbeitsplatzentscheider

Abbildung 2.7: Meldepunktarten definieren

Mit diesen Meldepunktarten widmen Sie sich dem Customizing der Meldepunkte.

Unter dem im Customizing-Baum nachfolgenden Pfad SCM EXTENDED WAREHOUSE MANAGEMENT • EXTENDED WAREHOUSE MANAGEMENT • MATERIALFLUSSSYSTEM (MFS) • STAMMDATEN • MELDEPUNKT DEFINIEREN geben Sie nun die Meldepunkte mit ihren Meldepunktarten ein.

Nachdem Sie den Meldepunktnamen mit der SPS und der Lagernummer eingetragen haben, müssen Sie drei Teilbereiche ausfüllen.

Zuerst nehmen Sie die Grunddefinitionen des Meldepunkts MPWENIO1 vor (siehe Abbildung 2.8).

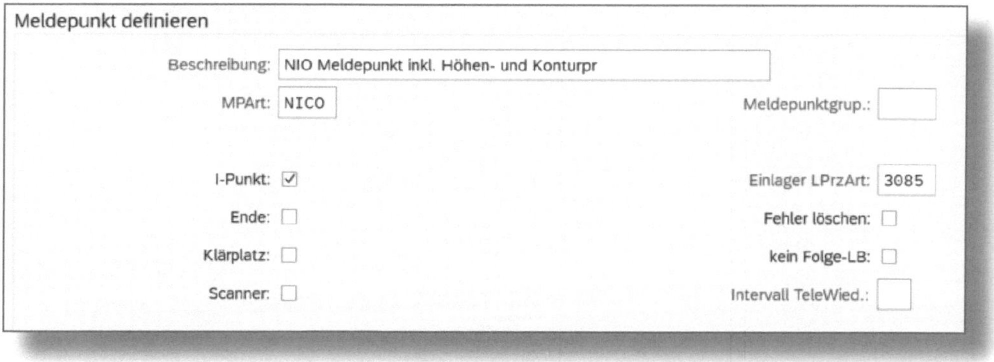

Meldepunkt definieren

Beschreibung: NIO Meldepunkt inkl. Höhen- und Konturpr

MPArt: NICO   Meldepunktgrup.:

I-Punkt: ☑   Einlager LPrzArt: 3085

Ende: ☐   Fehler löschen: ☐

Klärplatz: ☐   kein Folge-LB: ☐

Scanner: ☐   Intervall TeleWied.:

Abbildung 2.8: Meldepunkteinstellungen

Neben der vorher im Feld MPART festgelegten Meldepunktart geben Sie die unter EINLAGER LPRZART bereits in der SPS für die Einlagerung bestimmte Lagerprozessart *3085* an.

Danach können Sie den Meldepunkt klassifizieren. SAP EWM unterscheidet hierbei zwischen einem Identifikationspunkt (I-PUNKT), dem Endpunkt (ENDE) einer Strecke, einem KLÄRPLATZ und einem Scannerpunkt (SCANNER). Sie haben hier die Möglichkeit, mehrere Werte miteinander zu kombinieren. Die Kombinationen sind später für die MFS-Aktion relevant: Unterschiedliche Typen lösen unterschiedliche Telegrammarten aus.

Ein *Scannerpunkt* gibt Ihnen einen Barcode zurück, mit dessen Hilfe Sie die jeweilige HU in SAP EWM identifizieren. Darüber hinaus kann er weitere Infos enthalten. Die gängigsten sind die Konturenprüfung sowie Höhe und Gewicht. In einem Wareneingangsszenario können ferner Barcodes von Speditionen interessant sein, die der Fördertechnik bei der Identifizierung vorher avisierter Pakete und der Verknüpfung ebendieser mit der SAP-EWM-Anlieferung helfen.

Gleiches gilt für einen *I-Punkt*, der zusätzlich bei der Layoutorientierten Lagerungssteuerung verwendet wird. Hier sind als I-Punkt gekennzeichnete Meldepunkte Zwischenschritte auf dem Weg zum finalen Nachlagerplatz.

Streckenendpunkte lösen im Normalfall das Umbuchen auf eine Lagerfläche oder einen Arbeitsplatz aus. *Klärpunkte* werden zum Ausschleusen genutzt, wenn die HU sich im aktuellen Zustand nicht einlagern lässt. Eine Besonderheit der Endpunkte ist, dass Sie keine Zuordnung zu einem Klärplatz brauchen, der bei anderen Meldepunkten obligatorisch ist.

Der nächste Teilabschnitt behandelt die Kapazitätseinstellungen (siehe Abbildung 2.9).

Abbildung 2.9: Kapazitätseinstellungen

Die Kapazitätseinstellungen benötigen Sie, um zu vermeiden, dass Sie Ihre Förderstrecke vollfahren. Hierbei geht es also nicht um die Kapazität eines einzelnen Meldepunkts, sondern um diejenige des Streckenabschnitts bis zum nächsten Meldepunkt. Haben auf dem jeweiligen Streckenabschnitt beispielsweise fünf HU Platz, tragen Sie im Feld KAPAZITÄT *5* ein.

! Besonderheit Behälterfördertechniken

Verwenden Sie eine Behälterfördertechnik, können Sie die Kapazitätseinstellungen überspringen. Denn in diesem Fall ignoriert das System entsprechende Einstellungen an Meldepunkten.

Daneben befindet sich das Feld AUSN. KAPAZITÄT. In diesem hinterlegen Sie den Ausnahmecode, der bei einer Überschreitung der Kapazität ausgelöst wird und Ihnen einen Störfall meldet.

Der Kapazitätsmodus (KAPA.-MODUS) legt die Zählweise für die eingetragene Kapazität fest. Welche Einstellungen es gibt, zeigt Abbildung 2.10.

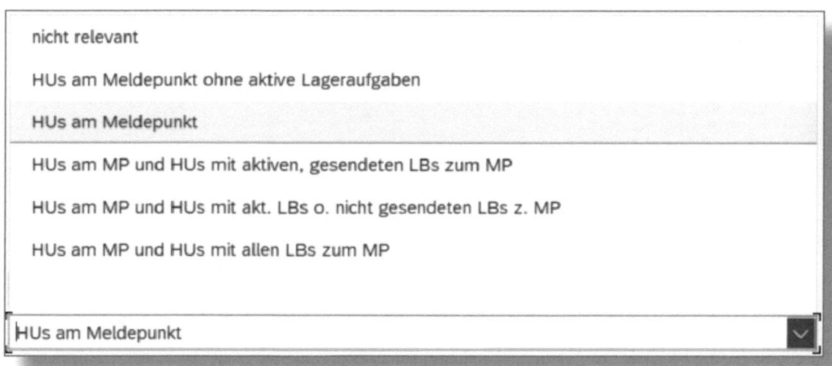

Abbildung 2.10: Kapazitätsmodus – Auswahl

Sind für Sie nur HU relevant, die bereits am Meldepunkt angekommen sind, wählen Sie *HUs am Meldepunkt*. Die HU werden gezählt, sobald sie den Meldepunkt erreichen, und sind erst dann nicht mehr Teil der

Kapazität, wenn sie den nächsten Meldepunkt passiert haben. Hierbei handelt es sich um die beste Zählweise für HU, die sich gerade auf einer Förderstrecke mit nur einem möglichen Weg befinden.

Die Einstellung *HUs am Meldepunkt ohne aktive Lageraufgaben* ist ähnlich, bezieht sich aber nur auf HU, die quittierte, inaktive, stornierte oder keine Lageraufgaben haben. Andere HU werden ignoriert.

Wenn Sie die Kapazität von Meldepunkten betrachten, die Sie etwas dynamischer beplanen, oder wenn sich HU während der Fahrt für eines von mehreren Zielen entscheiden, kann eine andere Einstellung sinnvoll sein: Dann zählen Sie die HU mit, die sich auf dem Weg zum Meldepunkt befinden. Diese HU werden anhand ihrer Lageraufgaben gezählt, wobei Sie noch unterscheiden können, ob nur aktive gezählt werden sollen oder auch wartende.

Des Weiteren müssen Sie den Meldepunkten Informationen zu Klärplätzen zuordnen. Die Informationen Klärungs SPS und Klärung, die Sie in Abbildung 2.11 sehen, sind dabei obligatorisch für Meldepunkte, die nicht als Endpunkt einer Strecke gekennzeichnet sind.

Klärungs SPS: WE01
Klärung: MPWENIO1D
Kapa. nicht prüfen: ☐
Nicht prüfen: ☐
Klärlagertyp: PFT1
Klärlagerbereich:
Klärlagerplatz: PFT1-MPWENIO1D
KProzessart: 3080

Abbildung 2.11: Klärungsinformationen

In den Feldern weisen Sie den für die Strecke zuständigen Klärpunkt zu, also einen Meldepunkt mit seiner zugehörigen SPS.

Soll eine HU wegen etwaiger Kapazitätsprobleme oder eines Konturenfehlers auf einen Klärplatz ausgeschleust werden, werden die in Abbildung 2.11 hinterlegten Informationen zur Umbuchung verwendet.

Klärung SPS und Klärung geben den Zielmeldepunkt für die HU an. Die Felder Klärlagertyp, Klärlagerbereich, Klärlagerplatz und

KPROZESSART werden für die Anlage der neuen Lageraufgabe zum Transport und zur Bestandsumbuchung eingesetzt. Die Lageraufgabe nutzt dabei auch den Ausnahmecode, der unter AUSN. KAPAZITÄT festgehalten wird (siehe Abbildung 2.9).

☛ Planung der Meldepunkte

Planen Sie Ihre Meldepunkte sorgfältig, bevor Sie mit dem Customizing beginnen. Idealerweise ist diese Planung auch Ihre spätere Dokumentation.

In der in Abbildung 2.12 dargestellten Excel-Datei finden Sie eine beispielhafte Übersicht über die Pflichtfelder, die Sie für das Customizing benötigen.

Mit dieser Übersicht können Sie die Meldepunkte sehr schnell ins Customizing übertragen (siehe Abbildung 2.13).

Sie sollten dabei immer mit den Klärmeldepunkten beginnen, damit Sie diese später bei anderen Meldepunkten als Klärinfo verwenden können – hierfür müssen sie bereits gepflegt sein.

	A	B	C	D	E	F	G	H	I	J	K
1	Meldepunk	Beschreibung	SPS	Meld	En	Klä	Klär-S	Klärpunkt	Kapazität	Kapazitätsmodu	Ausnahm
2	MPWAOSC01	Scannerpunkt Outbound Lager Richtung	WA01	ROUT			WA01	MPWAISC01	4	HUs am MP	MCAP
3	MPWAOSC02	Scannerpunkt Outbound Lager für die A	WA01	DTWS			WA01	MPWAISC01	4	HUs am MP	MCAP
4	MPWAISC01	Scannerpunkt Inbound Lager kommend	WA01	NIOC		X	WA01	MPWAISC01	2	HUs am MP	MCAP
5	MPWAISC02	Scannerpunkt Inbound Lager kommend	WA01	DTAI			WA01	MPWAISC01	4	HUs am MP	MCAP
6	MPWAAPO02	Ankunftspunkt am Arbeitsplatz	WA03	AAWS	X				1	HUs mit Aktiver LB	MCAP
7	MPWAAPI02	Aufsetzpunkt am Arbeitsplatz Richtung L	WA03	SFWS			WA01	MPWAISC01	1	HUs am MP	MCAP
8	MPWAAPO01	Ankunftspunkt am Arbeitsplätz	WA02	AAWS	X				1	HUs mit Aktiver LB	MCAP
9	MPWAAPI01	Aufsetzpunkt am Arbeitsplatz Richtung L	WA02	SFWS			WA01	MPWAISC01	1	HUs am MP	MCAP
10	MPWEAP01	Aufsetzpunkt am Arbeitsplatz	WE01	SFWS			WE01	MPWENIO1D	1	HUs mit Aktiver LB	MCAP
11	MPWENIO1	NIO-Meldepunkt inkl. Höhen- und Kont	WE01	NIOC			WE01	MPWENIO1D	2	HUs am MP	MCAP
12	MPWENIO1D	Ausschleußung auf NIO Platz	WE01	NIOC		X	WE01	MPWENIO1D	2	HUs am MP	MCAP
13	MPWESC01	Umbuchung F1 auf F2	WE01	CHSC			WE01	MPWENIO1D	3	HUs am MP	MCAP
14	MPWESC02	Gassenentscheidung	WE01	DTAI			WE01	MPWENIO1D	5	HUs am MP	MCAP
15	MPG01OUT	Outbound Gasse 1	G001	DROP			WA01	MPWAISC01	2	HUs am MP	MCAP
16	MPG01IN	Inbound Gasse 1	G001	DROP	X				2	HUs mit Aktiver LB	MCAP
17	MPG02OUT	Outbound Gasse 2	G002	DROP			WA01	MPWAISC01	2	HUs am MP	MCAP
18	MPG02IN	Inbound Gasse 2	G002	DROP	X				2	HUs mit Aktiver LB	MCAP

Abbildung 2.12: Meldepunkt »Planung« – Excel-Übersicht

Meldepunkt definieren

Lage...	SPS	Meldepunkt	Beschreibung	MPArt	IP	EP	NIO	Scanner	kein Folge-LB	Kap.	Modus	Klärungsmel
DEWH	G001	MPG01IN	Inbound Gasse 1	DROP	☐	☑	☐	☑	☐	MCAP	HUs am Meldepunkt	
DEWH	G001	MPG01OUT	Outbound Gasse 1	DROP	☐	☐	☐	☑	☐	MCAP	HUs am Meldepunkt	MPWAISC01
DEWH	G002	MPG02IN	Inbound Gasse 2	DROP	☐	☑	☐	☑	☐	MCAP	HUs am Meldepunkt	
DEWH	G002	MPG02OUT	Outbound Gasse 2	DROP	☐	☐	☐	☑	☐	MCAP	HUs am Meldepunkt	MPWAISC01
DEWH	WA01	MPWAISC01	Scannerpunkt Inbound Lager kommend von d	NIOC	☐	☐	☑	☑	☐	MCAP	HUs am Meldepunkt	
DEWH	WA01	MPWAISC02	Scannerpunkt Inbound Lager kommend von d	DTAI	☐	☐	☐	☑	☐	MCAP	HUs am Meldepunkt	MPWAISC01
DEWH	WA01	MPWAOSC01	Scannerpunkt Outbound Lager Richtung der	ROUT	☐	☐	☐	☑	☐	MCAP	HUs am Meldepunkt	MPWAISC01
DEWH	WA01	MPWAOSC02	Scannerpunkt Outbound Lager für die Arbe	DTWS	☐	☐	☐	☑	☐	MCAP	HUs am Meldepunkt	MPWAISC01
DEWH	WA02	MPWAAPI01	Aufsetzpunkt am Arbeitsplatz Richtung La	SFWS	☐	☐	☐	☑	☐	MCAP	HUs am Meldepunkt	MPWAISC01
DEWH	WA02	MPWAAPO01	Ankunftspunkt am Arbeitsplätz	AAWS	☐	☑	☐	☑	☐	MCAP	HUs am MP und HUs mit .	MPWAISC01
DEWH	WA03	MPWAAPI02	Aufsetzpunkt am Arbeitsplatz Richtung La	SFWS	☐	☐	☐	☑	☐	MCAP	HUs am Meldepunkt	MPWAISC01
DEWH	WA03	MPWAAPO02	Ankunftspunkt am Arbeitsplatz	AAWS	☐	☑	☐	☑	☐	MCAP	HUs am MP und HUs mit .	MPWAISC01

Abbildung 2.13: Fertiges Meldepunkt-Customizing – Übersicht in SAP EWM

Nach Abschluss des Customizings können Sie die Meldepunkte *Meldepunktgruppen* zuordnen. Letztere beeinflussen die Grobnachplatzfindung auf der Förderstrecke. Dabei handelt es sich um eine Besonderheit der Behälterfördertechnik, die in Abschnitt 2.7 genauer erklärt wird. Unsere Palettenfördertechnik verwendet sie nicht.

Bei Lagerbereichen mit zwei separaten Zuführungen kann es sinnvoll sein, die Nachplatzfindung an den jeweiligen Entscheiderpunkten nicht parallel durchzuführen. Beide Meldepunkte würden sich auf Basis identischer Daten für einen Nachlagerplatz entscheiden, woraus eine Doppelbelegung folgte. Mithilfe von Meldepunktgruppen kann die Nachplatzfindung serialisiert werden. In unserem Szenario haben Sie jedoch keine entsprechende Zuführung, die eine Meldepunktgruppe erforderlich machte.

Meldepunktgruppe im WE

Gehen wir zwei Jahre in die Zukunft. Ihr Umsatz ist gestiegen, und Sie bauen eine zweite Zuführung aus dem WE, um mehr HU in Ihrem Lager aufnehmen zu können. Beide Zuführungen haben an ihrem Ende, bevor die HU in die jeweilige Gassenzuführung abbiegen, jeweils einen Meldepunkt. Wenn Sie die Grobnachplatzfindung an diesen Streckenendpunkten nutzen wollen, müssen Sie verhindern, dass beide Zuführungsstrecken denselben Nachlagerplatz ermitteln, falls Paletten gleichzeitig ihre Ermittlungsmeldepunkte passieren sollten. Die Meldepunktgruppe regelt das, indem sie die Meldepunkte einer Gruppe sperrt, damit nur eine der beiden einen Nachlagerplatz definieren kann.

2.1.4 Fördersegmente

Der nächste Schritt ist das Definieren der Fördersegmente, die die Wegstrecke zwischen zwei Meldepunkten abbilden. Es muss kein Segment für jede einzelne Wegstrecke festgelegt werden. Wenn z. B. bauliche Gegebenheiten oder Ihr Anlagenautomatisierer ohnehin verhindern, dass zu viele HU auf einen Förderstreckenteil gelangen, ist an dieser Stelle die Definition eines Fördersegments nicht erforderlich.

Wenn jedoch die Anlagensicherheit durch SAP EWM gewährleistet werden soll und Ihr Anlagenautomatisierer das Rückhalten der HU entsprechend unterstützt, können Sie mithilfe dieser Elemente verhindern, dass sich bei einer Störung zu viele HU unkontrolliert über die Anlage bewegen und diese verstopfen bzw. eine Rückstausituation erzeugen.

Sie können Fördersegmente auch zu *Fördersegmentgruppen* zusammenfassen, um im Störfall schnell einen ganzen Streckenteil sperren zu können.

Gerade im Wareneingang ist dies ein wichtiges Thema. Ist die Einlagerung in das Hochregallager gestört, darf der Wareneingang nicht mehr Behälter losschicken, als auf der Förderstrecke Platz haben.

Der Weg ins Hochregallager führt in unserem Beispielszenario über die drei Meldepunkte MPWENIO1, MPWESC01 und MPWESC02. Die SPS schickt für die Segmente zwischen den Meldepunkten Statusmeldungen mit einem Füllstand, wie viele HU grade im Segment unterwegs sind. Einigen Sie sich deshalb mit Ihrem Anlagenautomatisierer auf eine Benennung der Segmente.

Durch die verschiedenen Fahrstreckenlängen ergeben sich für die Segmente unterschiedliche Kapazitäten.

Das Segment zwischen den Meldepunkten MPWENIO1 und MPWESC01 kann zwei HU aufnehmen. Die Kapazität der Meldepunkte selbst wird hier nicht mitgezählt, es geht allein um die Wegstrecke. Ich benenne in diesem Buch die Segmente nach Bereich, Start- und Zielmeldepunkt, hier konkret als WENIOTOSC1.

Sie gehen so die komplette Förderstrecke von Meldepunkt zu Meldepunkt durch und definieren die unterschiedlichen Fördersegmente.

Ist dieser Vorgang abgeschlossen, definieren Sie, welche Fördersegmente im Störfall gemeinsam an- oder abgeschaltet werden sollen.

Wenn Sie, wie bereits erwähnt, bei einem Störfall des Hochregallagers die Förderstrecke aus dem Wareneingang heraus komplett deaktivieren wollen, wird sie als eine Gruppe behandelt.

Deshalb fassen Sie die Fördersegmente zwischen den Meldepunkten MPWENIO1, MPWESC01 und MPWESC02 zu einer Fördersegmentgruppe zusammen, die insgesamt nur zehn HU aufnehmen darf. Ist diese Kapazität erreicht, müssen die HU am Arbeitsplatz im Wareneingang nach der Aufgabe vor dem MPWENIO1 stehen bleiben.

Für unser Beispiel ist es sinnvoll, den Meldepunkt MPWEAP01 am Arbeitsplatz im Wareneingang nicht in die Fördersegmentgruppe aufzunehmen, sodass er im Störfall nicht sofort mitgesperrt wird. So können Ihre Mitarbeiter erstmal für kurze Zeit weiterarbeiten, und die Störung führt nicht sofort zum Arbeitsstillstand.

Sie können auf diese Weise die komplette Gruppe im Störfall über den LVM sperren. Zusätzlich kann aber auch die SPS eine Störmeldung mit einem Statustelegramm senden, um so die komplette Segmentgruppe inaktiv zu schalten. Die Telegrammart STAT, in diesem Szenario die Telegrammart für Statusmeldungen, bildet hierbei die Segmentgruppenart ab.

Die Segmentgruppenart ist ein Bündelungselement, das es erlaubt, über den LVM oder ein Statustelegramm mehrere Segmentgruppen gleichzeitig zu sperren.

Das SAP EWM bietet Ihnen also drei Ebenen zur Sperrung Ihrer Förderstrecken. Über ein einzelnes Fördersegment, das den Weg zwischen zwei Meldepunkten sperrt; über eine Fördersegmentgruppe, die mehrere Fördersegmente gleichzeitig sperrt; und schließlich auf der obersten Ebene über die Fördersegmentgruppenart, womit Sie mehrere Gruppen oder wie in diesem Szenario Ihre komplette Förderanlage sperren können.

Fertig definiert sieht die Segmentbestimmung für die kompletten Strecken im Wareneingang und Warenausgang dann aus wie in Tabelle 2.3 dargestellt.

Fördersegment	Beschreibung	Kapazität	Segmentgruppe	Gruppenart
WASC1TOSC2	WA: Outbound SC1 Richtung SC2	3	FSGWA1	STAT
WASC2TOAP1	WA: Outbound SC2 Richtung AP	1	FSGWA1	STAT
WASC2TOAP2	WA: Outbound SC2 Richtung AP	2	FSGWA1	STAT
WAISC1TOSC2	WA: Inbound SC1 Richtung SC2	4	FSGWA1	STAT
WAISC2TOG2,	WA: Inbound SC2 Richtung Gasse	2	FSGWA1	STAT
WAISC2TOG1	WA: Inbound SC2 Richtung Gasse	4	FSGWA1	STAT
WAAP1TOSC1	WA: Inbound AP1 Richtung SC1	2	FSGWA2	STAT
WAAP2TOSC1	WA: Inbound AP2 Richtung SC1	2	FSGWA2	STAT
WEAPTONIO	WE: AP Richtung NIO	1	FSGWE1	STAT
WENIOTOSC1	WE: NIO Richtung SC1	2	FSGWE1	STAT
WESC1TOSC2	WE: SC1 Richtung SC2	3	FSGWE1	STAT
WESC2TOHRL	WE: SC2 Richtung HRL	2	FSGWE1	STAT
G1OTOSC1	Gasse 1 Richtung SC1	3	FSGHRL	STAT
G2OTOSC2	Gasse 2 Richtung SC1	3	FSGHRL	STAT

Tabelle 2.3: Definition der Fördersegmente

Diese Tabelle übertragen Sie nun ins Customizing.

Kommunikationskette

Entwerfen Sie solche Elementdefinitionen gemeinsam mit Ihrem Anlagenautomatisierer immer zuerst in einer Excel-Datei. Stimmen Sie die Dateien mit ihm ab, und fangen Sie erst an zu customizen, wenn Sie eine Abnahme der anderen Seite haben. Diese Definitionen können auch Teil des Lastenhefts sein und damit fixiert. Unstimmigkeiten fallen erst viel später auf, wenn Telegramme nicht empfangen werden können oder Informationen nicht richtig verarbeitet werden. Nachträgliche Korrekturen sind sehr aufwendig, da sie mühsam an verschiedenen Stellen durchgeführt werden müssen.

Sie beginnen mit der Definition der einzelnen Fördersegmente. Diese finden Sie in der Transaktion *SPRO* über den Customizing-Pfad SCM EXTENDED WAREHOUSE MANAGEMENT • EXTENDED WAREHOUSE MANAGEMENT • MATERIALFLUSSSYSTEM (MFS) • STAMMDATEN • FÖRDERSEGMENT DEFINIEREN.

Wichtig ist, dass Sie wie bei den Meldepunkten auch hier einen Ausnamecode hinterlegen. Diesen braucht SAP EWM, um im Falle einer Kapazitätsüberschreitung mit der Ausnahme das Segment sperren zu können.

In Abbildung 2.14 wird im Feld AUSN. KAPAZITÄT derselbe Ausnahmecode verwendet wie bei den Meldepunkten in Abbildung 2.9. Sie können aber ebenso gut einen beliebigen anderen nutzen.

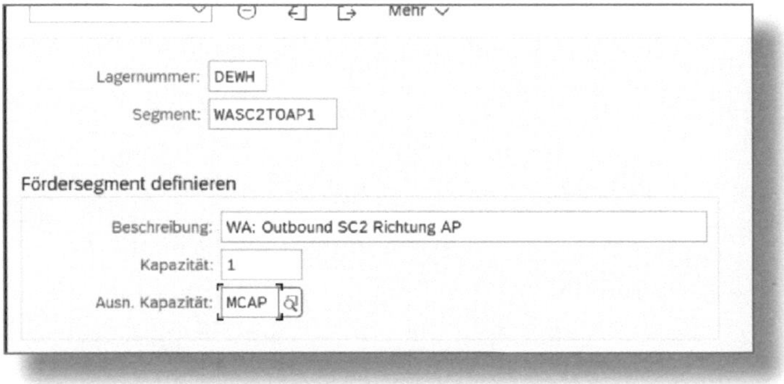

Abbildung 2.14: Customizing eines Fördersegments

Wenn Sie die einzelnen Segmente alle inkl. der passenden Kapazitäten definiert haben, wie in Abbildung 2.15 dargestellt, gehen Sie weiter zu den Fördersegmentgruppen.

Fördersegment definieren

Lage...	Segment	Beschreibung	Kapazität	Ausn...
DEWH	G1OTOSC1	Gasse 1 Richtung SC1	3	MCAP
DEWH	G2OTOSC2	Gasse 2 Richtung SC1	3	MCAP
DEWH	WAAP1TOSC1	WA: Inbound AP1 Richtung SC1	2	MCAP
DEWH	WAAP2TOSC1	WA: Inbound AP2 Richtung SC1	2	MCAP
DEWH	WAISC1TOSC	WA: Inbound SC1 Richtung SC2	4	MCAP
DEWH	WAISC2TOG1	WA: Inbound SC2 Richtung Gasse	4	MCAP
DEWH	WAISC2TOG2	WA: Inbound SC2 Richtung Gasse	2	MCAP
DEWH	WASC1TOSC2	WA: Outbound SC1 Richtung SC2	3	MCAP
DEWH	WASC2TOAP1	WA: Outbound SC2 Richtung AP	1	MCAP
DEWH	WASC2TOAP2	WA: Outbound SC2 Richtung AP	2	MCAP
DEWH	WEAPTONIO	WE: AP Richtung NIO	1	MCAP
DEWH	WENIOTOSC1	WE: NIO Richtung SC1	2	MCAP
DEWH	WESC1TOSC2	WE: SC1 Richtung SC2	3	MCAP
DEWH	WESC2TOHRL	WE: SC2 Richtung HRL	2	MCAP

Abbildung 2.15: Übersicht der einzelnen Fördersegmente

Für die Festlegung der Fördersegmentgruppen brauchen Sie zuerst einmal die erwähnte Segmentgruppenart.

Diese leitet sich von der Statusmeldung der SPS ab und wird im Customizing-Pfad SCM EXTENDED WAREHOUSE MANAGEMENT • EXTENDED WAREHOUSE MANAGEMENT • MATERIALFLUSSSYSTEM (MFS) • STAMMDATEN • FÖRDERSEGMENTGRUPPENART DEFINIEREN gepflegt. Hinterlegen Sie das Segment, wie in Abbildung 2.16 abgebildet.

Fördersegmentgruppenart definieren

Lage...	SegGrA	Beschreibung
DEWH	STAT	Statusmeldung über SPS

Abbildung 2.16: Definition der Segmentgruppenart

Danach folgen Sie dem Pfad SCM Extended Warehouse Management • Extended Warehouse Management • Materialflusssystem (MFS) • Stammdaten • Fördersegmentgruppen definieren.

Hier legen Sie die Benennung und Beschreibung unserer vier benötigten Fördersegmentgruppen fest und ordnen Sie die Gruppenart zu (siehe Abbildung 2.17).

Fördertechniksegmentgruppe definieren

Lage...	Fördertechniks...	SegGrA	Beschreibung
DEWH	FSGWA1	STAT	Segment Zuführung HRL Richtung WA-APs
DEWH	FSGWE1	STAT	Segment Zuführung WE Richtung HRL
DEWH	FSGWA2	STAT	Segment Zuführung WA1 Richtung AP

Abbildung 2.17: Anlage der Fördersegmentgruppen

Der letzte Schritt in diesem Teil des Customizings ist die Zuordnung der Fördersegmente zu den Fördersegmentgruppen.

Dafür rufen Sie im Customizing die Verknüpfung SCM Extended Warehouse Management • Extended Warehouse Management • Materialflusssystem (MFS) • Stammdaten • Fördersegmente zu Fördersegmentgruppen zuordnen auf.

Hier fassen Sie Einzelsegmente zu Gruppen zusammen (siehe Abbildung 2.18).

Fördersegmente zu Fördersegmentgruppen zuordnen

Lage...	Fördertechniksegmentgruppe	Segment
DEWH	FSGWA1	WASC1TOSC2
DEWH	FSGWA1	WAISC1TOSC
DEWH	FSGWA1	WASC2TOAP2
DEWH	FSGWA1	WASC2TOAP1
DEWH	FSGWA1	WAISC2TOG1
DEWH	FSGWA1	WAISC2TOG2
DEWH	FSGHRL	G1OTOSC1
DEWH	FSGHRL	G2OTOSC2

Abbildung 2.18: Zuordnung der Segmentgruppen zu Einzelsegmenten

Mehr müssen Sie zu den Fördersegmenten im ersten Schritt nicht festlegen. Alle hier definierten Elemente benötigen Sie aber später bei der Einrichtung des Lagerlayouts (siehe Abschnitt 2.2).

Im letzten Schritt der Festlegung der Stammdatenelemente geht es um die noch notwendigen Elemente für die Ressourcen und die Lagerinfos für den Lagertyp, der durch die Ressource abgearbeitet wird. Dieses Customizing baut jedoch auf Einstellungen auf, die mit dem Lagerlayout zu tun haben. Deshalb wenden wir uns zunächst diesem Thema zu.

2.2 Einrichtung des Lagerlayouts

Die Bewegungen der Fördertechnik bilden sich in SAP EWM vereinfacht gesagt durch das Buchen von Lagerplatz zu Lagerplatz ab. Jeder Meldepunkt ist ein Lagerplatz und die Fördertechnik die Ressource, welche die HU von Lagerplatz zu Lagerplatz befördert. Wenn Sie sich dieses Bild vor Augen führen, lässt sich die Fördertechnik sehr einfach auf die Layoutorientierte Lagerungssteuerung übertragen, die manchen Lesern vielleicht bereits durch den Gebrauch in einem manuellen Lager bekannt ist. Hier definieren Sie die Wegfindung über die Fördertechnikstrecken durch unser Lager.

Dabei wird nach dem Schema »von A nach B über Z« vorgegangen. Das bedeutet, Sie stellen fest, wo Sie gerade stehen und wohin Sie final wollen, und danach die Frage: Was ist das nächste Ziel auf der Förderstrecke?

Wenn Sie z. B. am Arbeitsplatz im Warenausgang beginnen und zurück ins Lager wollen, müssen alle HU über denselben Meldepunkt. A als Startpunkt ist der Lagerplatz des Arbeitsplatzes. B ist das Ziel, der Lagertyp HRL1. Und Z ist der Meldepunkt, über den alle Paletten im ersten Schritt müssen.

Bevor Sie aber mit der Einrichtung des Lagerlayouts beginnen, müssen Sie gewisse Grundvoraussetzungen im SAP-EWM-Standard-Customizing geschaffen haben.

Wenn sich die Förderwege je nach HU-Typ unterscheiden sollen, brauchen Sie dafür separat angelegte HU-Typen, und diese müssen Sie in der Wegfindung einstellen. Es könnte beispielsweise sein, dass Gitterboxen oder fertige Packstücke an anderen Arbeitsplätzen ausgeschleust werden sollen als Paletten. In dem hier beschriebenen Szenario ist das zwar nicht vorgesehen, dennoch sollte dies in Ihre Überlegungen mit einfließen.

Zusätzlich brauchen Sie eine Lagerprozessart, mit der die Lageraufgaben für die Zwischenschritte auf der Fördertechnik angelegt werden sollen.

Aktive und inaktive Lageraufgaben

Wenn der Arbeitsplatz im Wareneingang eine Palette auf die Fördertechnik setzt, wird eine Lageraufgabe mit Ziel Hochregallager (HRL), also Nachlagertyp HRL1, angelegt. Dieser ist zunächst noch inaktiv. Unsere Layoutorientierte Lagerungssteuerung gibt nämlich an, dass eine Einlagerung vom Wareneingangsplatz mit Ziel HRL1 erst den Meldepunkt MPWENI01 passieren muss. Für diesen Weg wird eine aktive Lageraufgabe erstellt und der Transport entsprechend ausgeführt. Diese und alle weiteren Lageraufgaben für die Zwischenschritte werden mit der Lagerprozessart definiert, die im Customizing hinterlegt ist. So lassen sich der Weg auf der Fördertechnik und der eigentliche Einlagervorgang differenzieren. Es werden der Reihe nach so viele Lageraufgaben angelegt, wie Zwischenschritte notwendig sind, bis die HU an ihrem finalen Ziel ankommt und die inaktive Lageraufgabe aktiviert sowie quittiert werden kann.

Um dieses Ergebnis zur erreichen, sind weitere Einstellungen erforderlich.

Zuerst benötigen Sie für das Hochregallager und die Fördertechnikbereiche Lagertypen (siehe Abbildung 2.19).

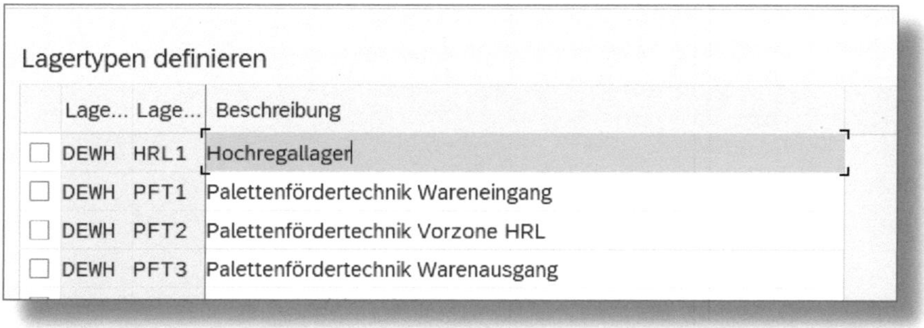

Lagertypen definieren

Lage...	Lage...	Beschreibung
DEWH	HRL1	Hochregallager
DEWH	PFT1	Palettenfördertechnik Wareneingang
DEWH	PFT2	Palettenfördertechnik Vorzone HRL
DEWH	PFT3	Palettenfördertechnik Warenausgang

Abbildung 2.19: Lagertypen – Übersicht

Diese Lagertypen brauchen zwei spezifische Einstellungen zur Lagertyprolle. Diese bestimmen, ob es sich um eine Lagervorzone handelt, die durch die Fördertechnik abgearbeitet wird, oder um ein Automatiklager.

Hierzu führt SAP EWM zwei Lagertyprollen ein, die in Ihren manuellen Lagerszenarien bisher noch nicht genutzt werden:

- *H* – Materialflusssteuerung
- *J* – Automatiklager (angesteuert durch MFS)

Sämtliche Lagertypen, die Fördertechniken umfassen, werden mit dem Typ *H* gekennzeichnet.

Diese Rolleneinteilung unserer Lagertypen hilft dem SAP EWM, Standardbewegungsrichtungen zu erkennen und daraus gewisse Status für Belege abzuleiten. Die Lagertyprolle H unterstützt den SAP-EWM-Standard also dabei, MFS-relevante HU und Lageraufgaben zu erkennen und z. B. im LVM anzuzeigen.

Sie separieren die mit Fördertechnik ausgestatteten Lagertypen gemäß Abbildung 2.20 und Abbildung 2.21 durch die Hinterlegung der Werte *J* und *H* im Feld LAGERTYPROLLE von den manuell verwalteten. Die entsprechenden Einstellungen nehmen Sie unter SCM EXTENDED WAREHOUSE MANAGEMENT • EXTENDED WAREHOUSE MANAGEMENT • STAMMDATEN • LAGERTYP DEFINIEREN vor.

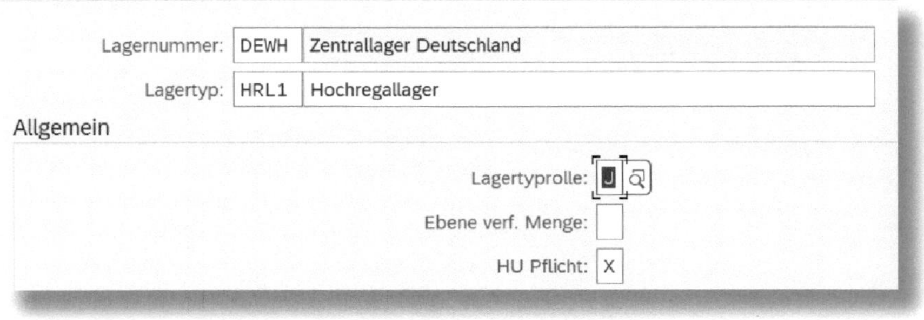

Abbildung 2.20: Lagertyprolle für Lagertyp HRL1

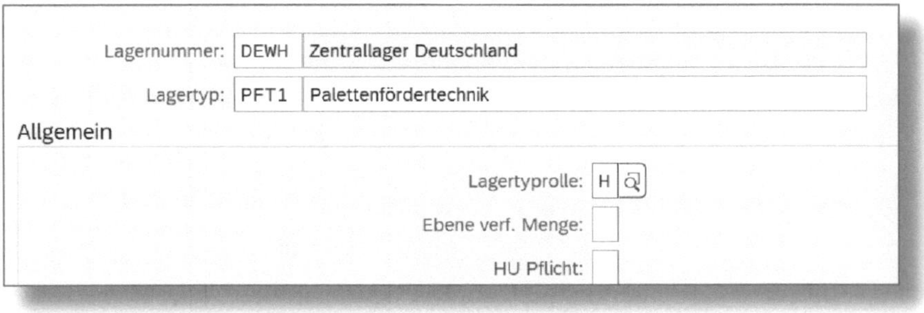

Abbildung 2.21: Lagertyprolle für Lagertyp PFT1

Zusätzlich versehen Sie auch die LAGERTYPEN *PFT2* und *PFT3* mit der gleichen LAGERTYPROLLE.

Zuletzt müssen Sie noch sicherstellen, dass für alle Ihre Meldepunkte Lagerplätze mit den zugehörigen Lagertypen angelegt werden oder worden sind.

Die Zuordnung zwischen Meldepunkt und Lagerplatz erfolgt erst nach Abschluss unseres Customizings. Dabei handelt es sich um die Stammdatenpflege, die Sie erst ganz zum Schluss vornehmen.

Achten Sie aber auf jeden Fall darauf, dass die vorgesehenen Meldepunkte spätestens jetzt angelegt werden, da sie eine Voraussetzung für die Pflege der Layoutorientierten Lagerungssteuerung sind.

Wenn alle Einstellungen zu den Lagertypen und Lagerplätzen ausgeführt sind, können Sie sich an das Customizing für die Layoutorientierte Lagerungssteuerung machen. Je nach Umfang Ihrer Fördertechnik ist dieser Schritt möglicherweise sehr komplex. Nehmen Sie sich daher ausreichend Zeit – auch für die Dokumentation.

Begonnen wird in der Regel bei den Startpunkten. In unserem Fall sind das die Arbeitsplätze und das Hochregallager.

Beschäftigen Sie sich zuerst mit dem Prozess der Einlagerung. Wenn mehrere Lagerplätze vom selben Lagertyp Startpunkt oder Endpunkt einer Fahrstrecke sein können, müssen Sie diese nicht einzeln eingeben. Es reicht, entweder den Lagertyp einzugeben oder, wenn eine feinere Differenzierung notwendig ist, die jeweiligen Lagerplätze zu einer *Lagerungsgruppe* zusammenzufassen.

Wie könnte das z. B. aussehen?

Lagerungsgruppen

Sie haben in einem Ihrer Arbeitsbereiche mehrere Arbeitsplätze, die auf zwei verschiedene Stränge aufgeteilt sind. Diese Stränge haben eine unterschiedliche Wegfindung zurück in Ihr Automatiklager. Die Arbeitsplätze mit ihren Lagerplätzen einzeln zu erfassen, würde bereits ab ca. vier bis fünf Plätzen schnell unübersichtlich in der Pflege. Daher fassen Sie die Stränge zu zwei Lagerungsgruppen zusammen. Beide Lagerungsgruppen bekommen ein jeweils anderes erstes Zwischenziel.

Lagerungsgruppen lassen sich im Customizing unter SCM EXTENDED WAREHOUSE MANAGEMENT • EXTENDED WAREHOUSE MANAGEMENT • MATERIALFLUSSSYSTEM (MFS) • LAGERUNGSSTEUERUNG • LAGERUNGSGRUPPEN FÜR LAYOUTORIENTIERTE LAGERUNGSSTEUERUNG DEFINIEREN einrichten. Die in Abbildung 2.22 definierten Lagerungsgruppen können Sie separat in den Stammdaten Ihrer Lagerplätze als Lagerungsgruppe (LGGRP) hinterlegen.

Lagerungsgruppe für die layoutorientierte Lagerungssteuerung

	Lagernummer	Lagertyp	Lagerungsgruppe
☐	DEWH	HRL1	HRL
☐	DEWH	PFT1	FTWE
☐	DEWH	PFT2	FTHR
☐	DEWH	PFT3	FTWA

Abbildung 2.22: Lagerungsgruppen für die Layoutorientierte Lagerungssteuerung

Sobald der Startpunkt benannt ist, gehen Sie an die Wegfindung. Einen groben Entwurf dieser Wegfindung sehen Sie in Abbildung 1.4 in Abschnitt 1.4.2.

Erinnern Sie sich an die Prämisse des Weges vom Wareneingang ins Hochregallager: Arbeitsplatz WE ⇒ MPWENIO1 ⇒ HRL. Genau diese Wegfindung adaptieren Sie nun für das Schema »A nach B über Z«.

Gehen Sie dafür im Customizing SCM EXTENDED WAREHOUSE MANAGEMENT • EXTENDED WAREHOUSE MANAGEMENT • MATERIALFLUSSSYSTEM (MFS) • LAGERUNGSSTEUERUNG • LAYOUTORIENTIERTE LAGERUNGSSTEUERUNG DEFINIEREN an.

Hier pflegen Sie nun den Weg Richtung Hochregallager, wie in Abbildung 2.23 dargestellt.

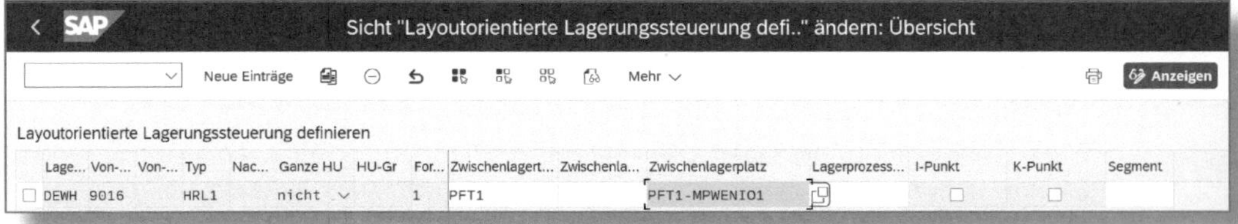
Sicht "Layoutorientierte Lagerungssteuerung defi.." ändern: Übersicht

Neue Einträge Mehr Anzeigen

Layoutorientierte Lagerungssteuerung definieren

Lage...	Von-...	Von-...	Typ	Nac...	Ganze HU	HU-Gr	For...	Zwischenlagert...	Zwischenla...	Zwischenlagerplatz	Lagerprozess...	I-Punkt	K-Punkt	Segment
DEWH	9016		HRL1		nicht		1	PFT1		PFT1-MPWENIO1		☐	☐	

Abbildung 2.23: Layoutorientierte Lagerungssteuerung pflegen

Sie bewegen jede mit der Fördertechnik transportierbare HU über denselben Weg. Daher pflegen Sie keine Unterscheidung bei dem Feld »Handling-Unit Typgruppe« (HU-GR).

Zusätzlich gibt es pro Eintrag noch drei weiterführende Einstellungsfelder.

- GANZE HU

Hier entscheiden Sie, ob nur die Entnahme einer ganzen oder einer leeren HU möglich ist bzw. ob eine Teilentnahme erlaubt wird. Die Teilentnahme baut dabei auf der nächsten Einstellung mit der Besonderheit auf, dass die HU über einen Kommissionierpunkt (K-Punkt) bewegt werden muss. Ganze oder leere HU können ohne Zwischenschritt direkt ausgelagert werden.

- K-PUNKT

Kommissionierpunkte erstellen beim manuellen Abschließen einer für eine Auslieferung kommissionierten HU (Pick-HU) automatisch eine Einlager-Lageraufgabe für die HU, um diese zurück ins Lager zu bewegen.

- I-PUNKT

Identifikationspunkte bestimmen den Nachlagerplatz im endgültigen Lagertyp, wenn sie passiert werden.

Bevor Sie zum Customizing der Fahrzeugsteuerung schreiten, müssen Sie noch eine MFS-spezifische Einstellung an den Lagerplatztypen vornehmen. Um die Einlagerung im Hochregallager über den eben definierten Weg ausführen zu können, ist die Festlegung einer MAXIMALEN PLATZTIEFE erforderlich. Mehrfachtiefe Lagerorte werden inzwischen häufig genutzt und können in SAP EWM S/4 »out of the box« verwendet werden.

Sollte ihr Lagertyp mehrfachtiefe Lagerorte vorhalten, definieren Sie dies im Customizing-Pfad SCM EXTENDED WAREHOUSE MANAGEMENT • EXTENDED WAREHOUSE MANAGEMENT • MATERIALFLUSSSYSTEM (MFS)

• STAMMDATEN • MAXIMALE PLATZTIEFE FÜR LAGERPLATZTYPEN FESTLEGEN.

Ein Lagerplatztyp, wie er im Hochregallager eingesetzt werden könnte, ist in Abbildung 2.24 zu sehen: ein doppelt tiefer Stellplatz für einfachhohe Paletten.

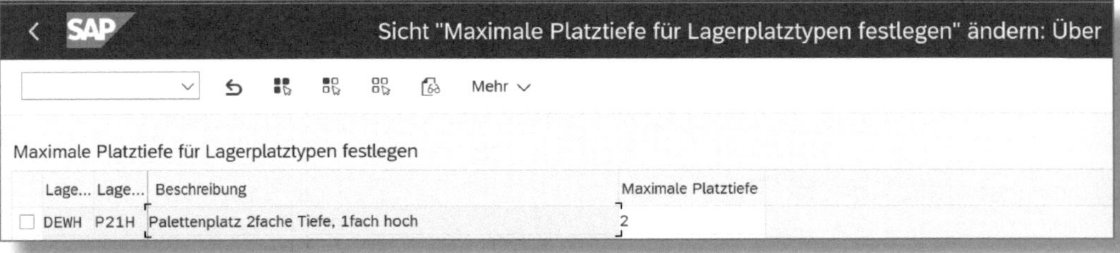

Abbildung 2.24: Maximale Platztiefe für Lagerplatztypen

2.3 Customizing der Fahrzeugsteuerung

Die Layoutorientierte Lagerungssteuerung gibt Ihnen die Lageraufgaben aus, die Sie für den Fahrtweg durch Ihr Lager brauchen. Darauf aufbauend definieren Sie die Einstellungen für die Fahrzeugsteuerung, damit die Fahrzeuge später die letzte oder auch erste Lageraufgabe bei der Ein- oder Auslagerung übernehmen können. Diese Start- und Endlageraufgaben müssen von dem Weg der Fördertechnik separiert werden. Es muss eindeutig erkennbar sein, wo der Zuständigkeitsbereich der Fahrzeuge beginnt und endet. In SAP EWM können Sie diese Unterscheidung über den Lagertyp und den Lagerbereich treffen, für die das jeweilige Fahrzeug zuständig ist.

Lagerplätze lassen sich äußerst detailliert anlegen. Automatiklager können Sie nach Schienen, Ebenen, Säulen sowie x- und y-Koordinaten unterteilen. Je nach Art Ihres Fahrzeugs werden auf Basis dieser Einteilungen und Koordinaten die Lageraufgaben bestimmt, die das jeweilige Fahrzeug abarbeiten muss. Überlegen Sie sich deshalb zunächst die Spezifika für Ihren Anwendungsfall. Stellen Sie sicher, dass alle Ihre Lagerplätze in Ihrem Lager sauber mit allen Koordinaten und Einteilungsdaten gepflegt sind.

! Stammdaten sind das A und O

Unterschätzen Sie nicht die Bedeutung der Lagerplatzstammdaten. Ihre Fahrzeuge »leben« von diesen Angaben, ebenso Ihre Lagerhaltung, Inventur und vieles mehr. Bereits minimale Abweichungen führen u. U. zu Fahrzeugcrashs, Warenbeschädigungen oder einer Abweichung zwischen dem SAP-EWM-Lagerplatz und dem physikalischen Lagerplatz, was eine Inventur sehr mühsam machen kann, wenn Ihre Behälter woanders eingelagert sind, als sie SAP verbucht. Kontrollieren Sie hier lieber einmal zu viel als einmal zu wenig.

Sobald Sie abgesteckt haben, welches Fahrzeug welchen Lagerbereich abdeckt, können Sie diese Einteilung SAP-seitig umsetzen.

Im Fall des Beispiellagers haben die beiden Gassen zwei Fahrschienen, auf denen sich die Regalbediengeräte bewegen. Die Schiene ist der maximale Fahrspielraum des Fahrzeugs und erstreckt sich von Gassenanfang bis Gassenende. Ob nun ein Lagerplatz in Gasse 1 oder Gasse 2 ist, wird im Lagerplatz anhand der Schiene unterschieden. Lageraufgaben, die Von- oder Nachlagerplätze innerhalb der Schiene 1 aufweisen, sollen der Gasse 1 (G001) und damit dem Regalbediengerät 1 (RBG1) zugewiesen werden, Lageraufgaben innerhalb der Schiene 2 entsprechend G002 und damit dem RBG2.

Wie wird das nun in SAP-Sprache übersetzt?

Die Regalbediengeräte sind in SAP EWM ebenso wie z. B. Stapler oder Routenzüge zunächst als Ressource definiert. Die Fahrzeuge werden mit Lageraufgaben versorgt, die in ihrer zugeordneten Queue auftauchen und die sie in einer festgelegten Reihenfolge abarbeiten.

Für unser Beispiel sind also zwei Schritte für eine funktionierende Queue vonnöten:

- Lageraufgaben müssen der Queue zugeordnet werden.
- Das Fahrzeug muss seine Queue für die Abarbeitung kennen.

Tipp für die Benennung

Für die Fahrzeugsteuerung springen Sie im Folgenden durch viele unterschiedliche Ebenen und Customizing-Punkte. Damit Sie sich später nicht zu viele unterschiedliche Objektnamen merken müssen und um sich die Fehlersuche zu erleichtern, empfiehlt es sich, durchgehende Namen verwenden. Die steuernde Einheit aus Sicht des Fahrzeugs ist die SPS. Daher benennen Sie am besten die Queue, Aktivitätsbereiche etc. nach der jeweiligen SPS – jedenfalls, soweit sich dies mit einer durchgängigen Eins-zu-eins-Beziehung umsetzen lässt.

Für die Versorgung einer solchen Ressource brauchen Sie einige Grundlageneinstellungen des SAP EWM:

- geeignete Aktivitätsbereiche
- Queues pro SPS
- eine Ressourcenart je Fahrzeugtyp

2.3.1 Aktivitätsbereiche

Beginnen Sie mit den Aktivitätsbereichen. Der jeweilige Reichweitenbereich eines Fahrzeugs stellt einen Aktivitätsbereich dar und wird nach der SPS des Bereichs benannt. In unserem Fall umspannt der Aktivitätsbereich also eine komplette Schiene und ist für eine Queue vorgesehen.

Doch nicht nur der Von- oder Nachlagerplatz kann die Zuordnung zu einer Queue bestimmen, sondern auch die jeweils auszuführende Aktivität.

Nicht alles in einer Queue sammeln?

Sie wollen Ihre Nachschübe/Regeltätigkeiten oder Inventuren auf bestimmte Uhrzeiten konzentrieren, um das Tagesgeschäft nicht zu stören bzw. die Bestände den Tag über dauerhaft zur Verfügung zu haben. Oder Sie wollen immer nachts ihr Lager nach Schnell- und Langsamdrehern sortieren und optimieren. Dafür können bestimmte Aktivitäten in einer separaten Queue gesammelt werden. Die Queues lassen sich entweder manuell oder zeitgesteuert bzw. durch eine eigens gebaute Automatisierung umstellen. Der Fantasie sind hier kaum Grenzen gesetzt.

Grundsätzlich unterscheiden sich die Aktivitäten von MFS-Fahrzeugen nicht von Standardlageraktivitäten, daher brauchen sie auch nicht gesondert definiert werden.

MFS-Fahrzeuge führen in der Regel drei verschiedene Aktivitäten aus:

- Einlagerung (PTWY)
- Auslagerung (PICK)
- interne Bewegung oder auch Umlagerung (INTL)

Je nachdem, wie Ihr Lager aufgebaut ist, können weitere Aktivitäten hinzukommen, etwa ein Nachschub, Umbuchungen oder weitere, selbst definierte Aktivitäten. PTWY, PICK und INTL sind jedoch der Grundstock, auf dem Sie immer aufbauen.

Dafür springen Sie in der Transaktion *SPRO* in folgenden Pfad: SCM EXTENDED WAREHOUSE MANAGEMENT • EXTENDED WAREHOUSE MANAGEMENT • STAMMDATEN • AKTIVITÄTSBEREICHE • AKTIVITÄTSBEREICHE DEFINIEREN.

Hier definieren Sie wie in Abbildung 2.25 für die beiden SPS unseres Hochregallagers je einen Aktivitätsbereich (AKTIVBER.).

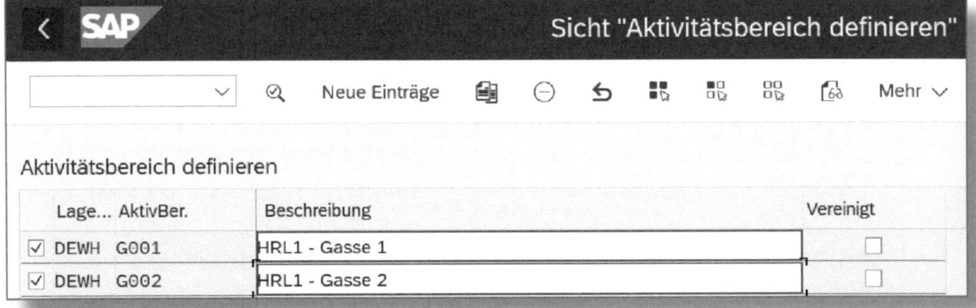

Abbildung 2.25: Aktivitätsbereich definieren

Diesen Aktivitätsbereichen weisen Sie die Lagerplätze der jeweiligen Gasse zu. Nutzen Sie dafür den Customizing-Pfad SCM EXTENDED WAREHOUSE MANAGEMENT • EXTENDED WAREHOUSE MANAGEMENT • STAMMDATEN • AKTIVITÄTSBEREICHE • ZUORDNUNG LAGERPLÄTZE ZU AKTIVITÄTSBEREICHEN.

Die Schienen, auf denen sich die Regalbediengeräte bewegen, werden in SAP EWM auch Platzgang genannt. In unserem Szenario ist das jeweils ein Platzgang pro Aktivitätsbereich (siehe Abbildung 2.26). Die Distanz zwischen Säulen und Ebenen ergibt sich aus den Festlegungen, die Sie für Ihr Hochregallager oder Ihr im Einsatz befindliches Automatiklager getroffen haben.

Festlegungen bei Ausfallszenarien

In Ihrer Planungsphase betrachten Sie sicher auch das Thema Ausfallsicherheit. So kann es vorkommen, dass ein einzelnes Fahrzeug gewöhnlich einen Teil eines Lagerbereichs abdeckt, bei Ausfall eines anderen Fahrzeugs aber den kompletten Lagerbereich bedienen muss. Solche Szenarien müssen Sie bereits in der Planungsphase mitdenken. Denn auch wenn ein Notfall nicht alltäglich ist, kann ein Wartungsfall schneller eintreten, als Sie vermuten. Planen Sie Ihr Customizing also so, dass Sie in einer solchen Situation schlimmstenfalls Stammdaten, wie z. B. eine Queuezuordnung, ändern müssen.

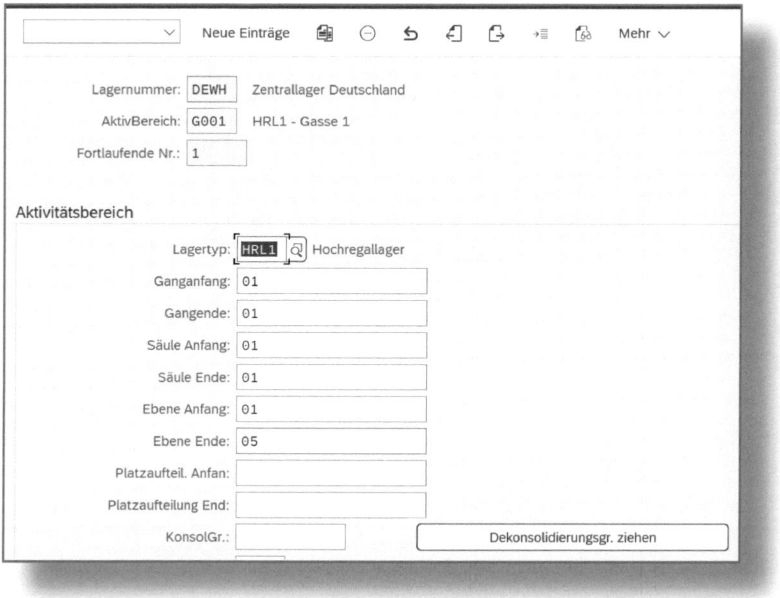

Abbildung 2.26: Zuordnung der Lagerplätze zu Aktivitätsbereichen

Als Nächstes legen Sie die Sortierreihenfolge für die Einzelaktivitäten in Ihrem Aktivitätsbereich unter SCM EXTENDED WAREHOUSE MANAGEMENT • EXTENDED WAREHOUSE MANAGEMENT • STAMMDATEN • AKTIVITÄTSBEREICHE • SORTIERREIHENFOLGE FÜR AKTIVITÄTSBEREICH DEFINIEREN fest. In diesem Pfad ist die Tabelle auszufüllen, die Sie in Abbildung 2.27 sehen.

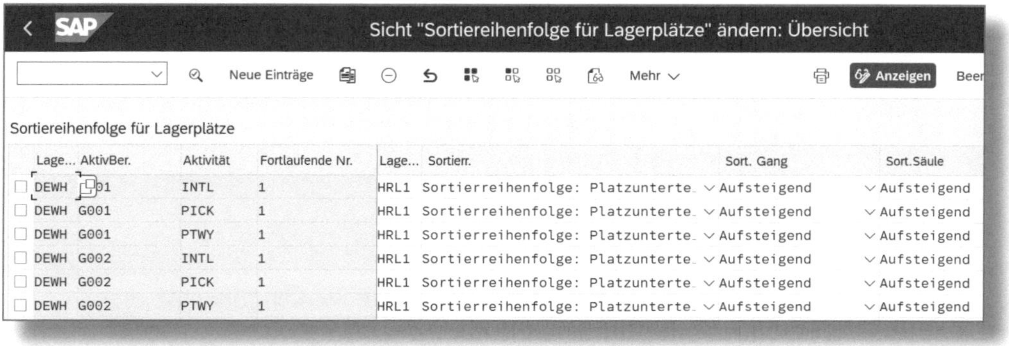

Abbildung 2.27: Sortierreihenfolge für Lagerplätze

Hier hinterlegen Sie die Sortierreihenfolge für die Findung der Lagerplätze. Sollen bei der AKTIVITÄT *PICK* die Lagerplätze nach SORT. GANG *Aufsteigend* sortiert werden? Und wollen Sie das Lager von vorne nach hinten oder von hinten nach vorne füllen? Wenn Sie sich für die letztere Variante entscheiden, wählen Sie unter SORT. SÄULE den Wert *Absteigend* aus. Dann beginnt die Einlagerung z. B. mit der Säule 15 am hinteren Ende Ihres Lagers, Säule 1 am vorderen Ende kommt zuletzt dran. Diese Einstellungen können je Aktivität variiert werden.

2.3.2 Queues

Nachdem Sie all diese Einstellungen vorgenommen haben, gehen Sie weiter zur Festlegung der *Queues* für die Fahrzeuge.

Dafür müssen Sie zuerst eine Queue pro SPS im Lager anlegen (siehe Abbildung 2.28).

In der Transaktion *SPRO* findet sich die Einstellung dafür unter dem Pfad SCM EXTENDED WAREHOUSE MANAGEMENT • EXTENDED WAREHOUSE MANAGEMENT • MATERIALFLUSSSYSTEM (MFS) • STAMMDATEN • MFS-QUEUE DEFINIEREN.

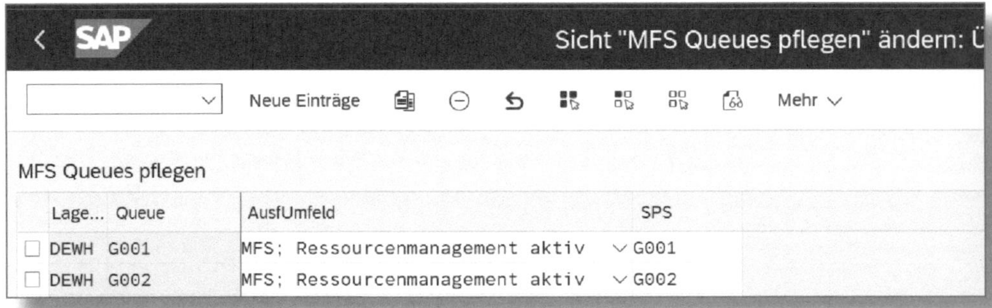

Lage...	Queue	AusfUmfeld	SPS
DEWH	G001	MFS; Ressourcenmanagement aktiv	G001
DEWH	G002	MFS; Ressourcenmanagement aktiv	G002

Abbildung 2.28: MFS-Queues definieren

Wichtig sind dabei die Einstellung *MFS: Ressourcenmanagement aktiv* und die Zuordnung zur jeweils dafür vorgesehenen SPS.

Damit die Findung der Lageraufgaben zur Queue funktioniert, müssen Sie die Findungskriterien unter SCM EXTENDED WAREHOUSE MANAGEMENT • EXTENDED WAREHOUSE MANAGEMENT • PROZESSÜBERGREIFENDE EINSTELLUNGEN • RESSOURCENMANAGEMENT • QUEUES DEFINIEREN einstellen.

Wählen Sie den zweiten Punkt QUEUE-FINDUNGSKRITERIEN DEFINIEREN aus, und ordnen Sie den vorher angelegten Aktivitätsbereich (AB) der jeweils dafür vorgesehenen QUEUE zu (siehe Abbildung 2.29).

Abbildung 2.29: Findungskriterien für Queues festlegen

2.3.3 Ressourcentypen

Zuletzt müssen Sie für die Fahrzeugsteuerung noch die Ressourcentypen festlegen.

Dafür gehen Sie zuerst im Customizing zum Pfad SCM EXTENDED WAREHOUSE MANAGEMENT • EXTENDED WAREHOUSE MANAGEMENT • MATERIALFLUSSSYSTEM (MFS) • STAMMDATEN • MFS-RESSOURCENART DEFINIEREN.

Definieren Sie wie in Abbildung 2.30 z. B. den Ressourcentyp (RESSOURTYP) *RBG*.

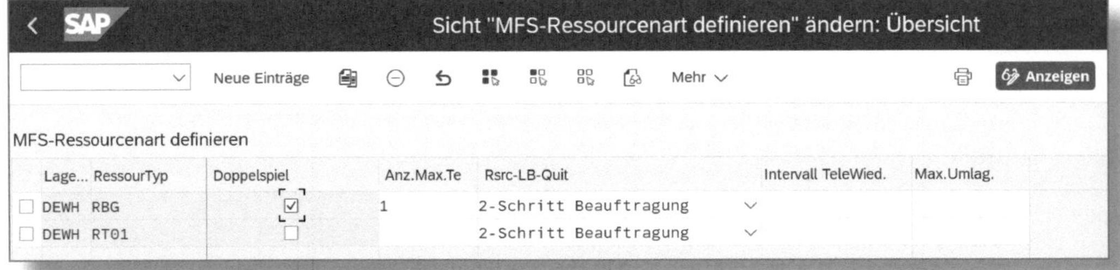

Abbildung 2.30: Ressourcenart definieren

Die hier getroffenen Einstellungen bilden viele Spezifika Ihrer Fahrzeuge ab. Zum Beispiel können Sie hier festlegen, wie viele Telegramme Ihre Ressource empfangen kann (ANZ.MAX.TEL.) und wie die Quittierung eines Auftrags aussehen wird.

Ich gehe deshalb an dieser Stelle noch auf die Lagerbestandquittierung (RSRC-LB-QUIT) des Fahrzeugs ein. Hierbei geht es vor allem darum, wie sich das Fahrzeug Ihres Anlagenautomatisierers verhält.

Hier stehen folgende Einstellungen zur Auswahl:

- *1-Schritt-Quittierung:* SAP EWM schickt ausgangsseitig einen Fahrauftrag, der Von- und Nachlagerplatz enthält. Die SPS quittiert den kompletten Fahrvorgang von Beladen und Entladen am Ende in einem Schritt an das SAP EWM. Diese Quittierung erfolgt bei der Abgabe der HU auf den Zielplatz durch die Ressource. Im Zuge dieses Telegramms wird die Lageraufgabe quittiert.
- *2-Schritt-Quittierung:* Auch hier wird ein gesamter Fahrauftrag ausgangsseitig von SAP EWM an die SPS gesendet. Hier erfolgt die Quittierung jedoch in zwei Schritten. So wird zuerst das Beladen und danach das Entladen in separat gesendeten Telegrammen an das SAP EWM gemeldet. Wenn das letzte Telegramm für die Quittierung des Abladens am Zielplatz ankommt, wird gleichzeitig die Lageraufgabe in SAP EWM quittiert.

- *2-Schritt-Beauftragung:* Hier erfolgt auch die Beauftragung in zwei Schritten für das Beladen und das Entladen separat. SAP EWM schickt zuerst ein Telegramm mit dem Vonlagerplatz und der Ressource, die den Auftrag ausführen soll, ohne Zieldaten. Die SPS antwortet, sobald das Fahrzeug die HU auf das LAM aufgezogen hat. Infolge dieser Quittierung wird aufseiten des SAP EWM die Lageraufgabe quittiert und der Ziellagerplatz per Telegramm an die SPS übermittelt. Das Fahrzeug fährt den Fahrauftrag zu Ende und quittiert das Entladen. Die Lageraufgabe ist dann bereits quittiert, weshalb keine weiterführende Aktion seitens SAP EWM ausgelöst wird.

Als Nächstes kommen wir zu dem Thema Doppelspiel.

Zuvor haben Sie für die Ressourcen Queues definiert, in denen die Fahraufträge für sie gesammelt werden. Technisch sortiert das System alle in der Queue enthaltenen Fahraufträge nach dem spätesten Starttermin (SST). Ist dieser erreicht, werden Fahraufträge als gleichwertig angesehen.

Für den spätesten Starttermin können Sie einen gewissen Vorlauf einstellen bzw. die Aufträge z. B. nach Stunden rastern.

Ein solches Raster definieren Sie im Customizing unter folgendem Pfad: SCM EXTENDED WAREHOUSE MANAGEMENT • EXTENDED WAREHOUSE MANAGEMENT • PROZESSÜBERGREIFENDE EINSTELLUNGEN • RESSOURCENMANAGEMENT • MODI DEFINIEREN.

Ein Auftrag mit dem berechneten Starttermin 15:37 Uhr wird bei dem in Abbildung 2.31 definierten Modus (MOD.) *H* auf 15:00 Uhr gerundet.

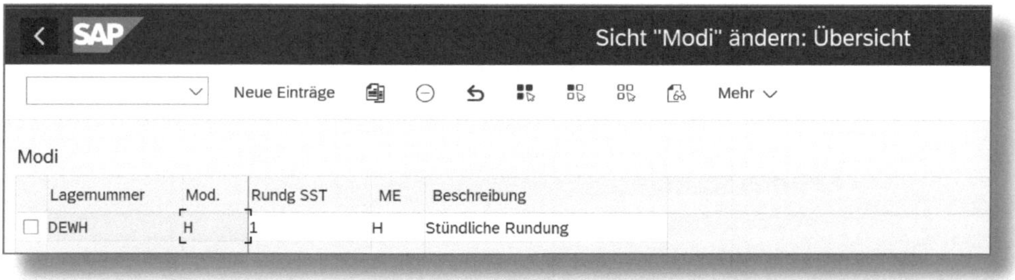

Sicht "Modi" ändern: Übersicht

Neue Einträge | Mehr

Modi

Lagernummer	Mod.	Rundg SST	ME	Beschreibung
DEWH	H	1	H	Stündliche Rundung

Abbildung 2.31: Rundungsmodi für den Starttermin

Ordnen Sie den Modus im zweiten Schritt der jeweiligen Aktivität des Fahrzeugs zu.

Im Folgenden geht es um eine Einstellung, die nur indirekt mit den Fahrzeugen zu tun hat, dafür in erster Linie mit den Lagertypen, in denen die Fahrzeuge eingesetzt sind.

Wenn der Lagertyp mehrfachtiefe Lagerplätze vorhält, müssen Sie pro HU-Typ, der durch das Fahrzeug eingelagert werden soll, die jeweils benötigte Tiefe einstellen.

Dafür wählen Sie im Customizing den Pfad SCM EXTENDED WAREHOUSE MANAGEMENT • EXTENDED WAREHOUSE MANAGEMENT • MATERIALFLUSSSYSTEM (MFS) • STAMMDATEN • ERFORDERLICHE PLATZTIEFE FÜR HANDLING UNIT-TYPEN FESTLEGEN.

Die in Abbildung 2.32 festgelegten Parameter sind für das SAP EWM wichtig, um die noch verfügbare Platztiefe eines teilweise belegten Lagerplatzes zu berechnen.

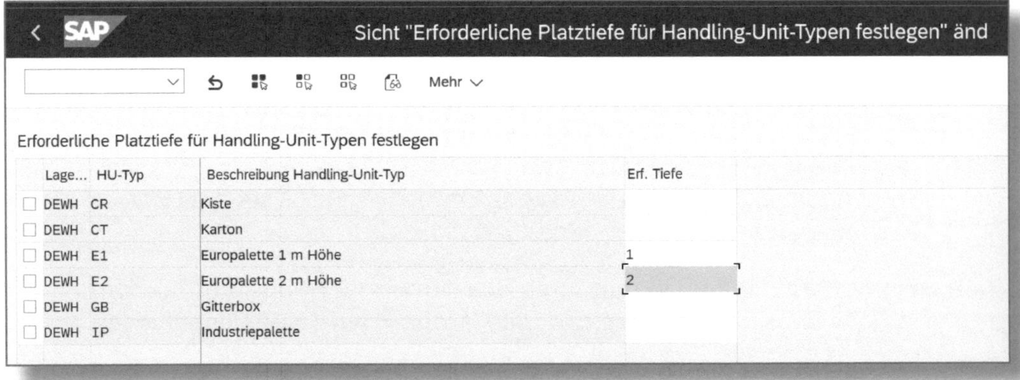

Lage...	HU-Typ	Beschreibung Handling-Unit-Typ	Erf. Tiefe
DEWH	CR	Kiste	
DEWH	CT	Karton	
DEWH	E1	Europalette 1 m Höhe	1
DEWH	E2	Europalette 2 m Höhe	2
DEWH	GB	Gitterbox	
DEWH	IP	Industriepalette	

Abbildung 2.32: Erforderliche Platztiefe pro HU-Typ

2.4 Aktionshandling

Dieser Abschnitt behandelt die Definition und das Hinterlegen von MFS-Aktionen – ein spannendes Kapitel für die Programmierer und

ABAP-affinen Leser unter Ihnen. Denn über die nun zu definierende Findung starten Sie die Verarbeitung von Funktionsbausteinen, die Sie zuvor angelegt haben. Auslösende Kriterien sind dabei der gesendete Telegrammtyp der SPS und die Meldepunktart des Meldepunkts, der das Telegramm ausgelöst hat.

In Abschnitt 2.1.1 haben Sie die Telegrammstrukturen für die SPS definiert und hinterlegt. Diese Struktur enthält das Feld »Telegrammtyp«, der mit jedem Telegramm übermittelt wird. Beispiele für Telegrammtypen wären PING oder STAT für ein Statustelegramm. Welche Telegrammtypen ein Meldepunkt sendet, gibt Ihnen die Spezifikation Ihres Anlagenautomatisierers vor.

Aus diesem Telegrammtyp und aus der in Abschnitt 2.1.3 festgelegten Meldepunktart ergibt sich die Findung für die MFS-Aktionen.

Für Ressourcen sieht diese ein wenig anders aus. Während Meldepunkte für gewöhnlich nur ein bis zwei unterschiedliche Telegrammtypen auslösen, können es bei Ressourcen durchaus mehrere sein. Der Klassiker ist das Statustelegramm der Ressource. Hinzu kommen Auftragssuche, positive und negative Auftragsquittierung usw.

Aufseiten des SAP EWM steht Ihnen für die Findung nur den Ressourcentyp zur Verfügung.

Lassen Sie sich, bevor Sie hier mit der Festlegung beginnen, zunächst von Ihrem Anlagenautomatisierer alle Telegrammtypen geben. Meist sind sie Teil der Spezifikationsdokumentation.

Ziehen Sie nun noch die zuvor festgelegten Meldepunktarten heran, und bauen Sie sich eine Matrix für die MFS-Aktionen. Legen Sie die benötigten Funktionsbausteine an, oder ordnen Sie bereits vorhandene Standardbausteine zu.

Keine Sorge, neue Bausteine müssen zu diesem Zeitpunkt nicht fertig ausprogrammiert sein. Für die Hinterlegung im Customizing reicht eine leere Hülle. Diese ist jedoch unbedingt notwendig. Sollten Sie keinen Entwicklerschlüssel besitzen, bitten Sie einen Entwickler, die leeren Bausteinhüllen anzulegen. Teilweise liefert die SAP auch fertige Aktionsbausteine aus, die Sie bei Bedarf verwenden oder kopieren können. Diese finden sich im Paket */SCWM/MFS* und beginnen alle mit */SCWM/MFSACT_**.

Sollen Bausteine komplett neu angelegt werden, sind die in Tabelle 2.4 aufgelisteten Import- und Exportparameter zu einzupflegen.

Name	Datentyp	Optional	Beschreibung
Iv_Ignum	*/SCWM/LGNUM*		Lagernummer
Iv_plc	*/SCWM/DE_MFSPLC*		SPS-Kennung
Iv_channel	*/SCWM/DE_MFSCCH*		Kommunikations-kanal
Is_telegram	*/SCWM/S_MFS_TELETOTAL*		Telegrammstruktur
Iv_wtnum	*/SCWM/TANUM*		Lageraufgabe
iv_rsrc_cnt	*/SCWM/DE_MFS_RSRC_CNT_REDU*		MFS-Ressourcen-zähler
iv_retry	*/SCWM/DE_MFSRETRY_FLG*	X	Nachverarbeitung
ev_no_async	*/SCWM/DE_NO_ASYNC_FM_CALL*		Aufruf async. Baustein unterdrücken

Tabelle 2.4: Übergabeparameter für MFS-Aktionsbausteine

Damit können die MFS-Aktionsbausteine korrekt, aber noch inhaltlich leer angelegt werden.

Bevor Sie nun die Matrix erarbeiten, müssen Sie die *Telegrammarten* in SAP EWM hinterlegen.

Das Beispielszenario sieht drei Telegrammarten vor:

- STAT: Statustelegramm der Regalbediengeräte; diesen Telegrammtyp senden die Regalbediengeräte, wenn sie einen Auftrag abschließen oder einen neuen beginnen wollen.
- LREP: Routinganfrage eines Meldepunkts; sie wird ausgelöst, wenn das nächste Ziel für den Weitertransport einer HU geklärt werden soll.

- TREG: Drop-Meldung an einen Arbeitsplatz; dieses Telegramm lösen Abwurfmeldepunkte aus, wenn eine HU ankommt oder aufgesetzt wird.

Diese drei Telegrammarten richten Sie im Customizing-Pfad SCM EXTENDED WAREHOUSE MANAGEMENT • EXTENDED WAREHOUSE MANAGEMENT • MATERIALFLUSSSYSTEM (MFS) • TELEGRAMMVERARBEITUNG • TELEGRAMMSTRUKTUR DEFINIEREN ein.

Unter der Aktivität TELEGRAMMSTRUKTUR DEFINIEREN (FÜR SPS) ordnen Sie den SPS die möglichen Telegrammarten zu (siehe Abbildung 2.33).

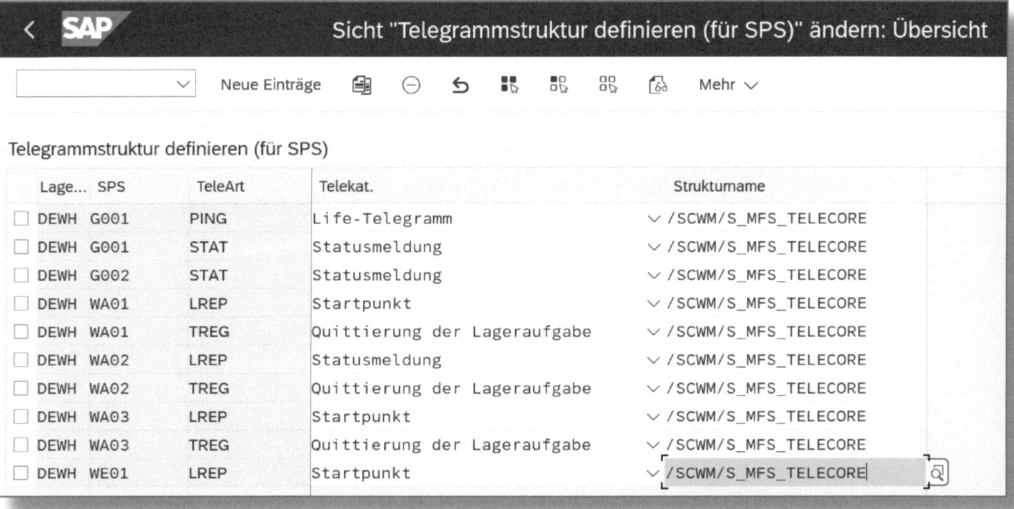

Lage...	SPS	TeleArt	Telekat.	Strukturname
DEWH	G001	PING	Life-Telegramm	/SCWM/S_MFS_TELECORE
DEWH	G001	STAT	Statusmeldung	/SCWM/S_MFS_TELECORE
DEWH	G002	STAT	Statusmeldung	/SCWM/S_MFS_TELECORE
DEWH	WA01	LREP	Startpunkt	/SCWM/S_MFS_TELECORE
DEWH	WA01	TREG	Quittierung der Lageraufgabe	/SCWM/S_MFS_TELECORE
DEWH	WA02	LREP	Statusmeldung	/SCWM/S_MFS_TELECORE
DEWH	WA02	TREG	Quittierung der Lageraufgabe	/SCWM/S_MFS_TELECORE
DEWH	WA03	LREP	Startpunkt	/SCWM/S_MFS_TELECORE
DEWH	WA03	TREG	Quittierung der Lageraufgabe	/SCWM/S_MFS_TELECORE
DEWH	WE01	LREP	Startpunkt	/SCWM/S_MFS_TELECORE

Abbildung 2.33: Telegrammarten mit Struktur definieren

Grundsätzlich ist es möglich, unterschiedliche DDIC-Strukturen für die einzelnen Telegrammarten zu hinterlegen. Nicht alle Telegramme sind inhaltlich identisch. Klären Sie mit Ihrem Anlagenbauer ab, was benötigt wird.

Ist eine Differenzierung obsolet, hinterlegen Sie einfach wie in Abbildung 2.33 im Feld STRUKTURNAME die Standardstruktur von SAP EWM. Sie heißt */SCWM/S_MFS_TELETOTAL* und enthält bereits die in den SPS festgelegte Kopfstruktur sowie weitere Felder, die bei der

Telegrammverarbeitung relevant werden. Die Bausteine der SAP-Standardverarbeitung basieren ebenfalls größtenteils auf dieser Struktur. Deswegen eignet sie sich gut als Kopiervorlage für eigene Strukturen.

Wenn Sie die Strukturen zuordnen, müssen Sie die jeweiligen Telegrammarten, die auch zum Antworten an die SPS verwendet werden sollen, Telegrammkategorien zuweisen. Dafür verwenden Sie das Feld Telekat. (in Abbildung 2.33). Dies ist eine Voraussetzung für SAP EWM, um selbst Nachrichten an die SPS zu senden. Dabei versucht es abhängig von der Situation, anhand der Kategorie die jeweilige Telegrammart zu ermitteln. In Abbildung 2.33 ist es bei der SPS *G001* die Telegrammart (TeleArt) *PING*, der die Kategorie *Life-Telegramm* (*K*) zugeordnet wurde.

Die möglichen Telegrammkategorien inkl. Beschreibung finden Sie in Tabelle 2.5.

Telegrammkategorie	Beschreibung
A	Synchronisationsaufbau
B	Beginn der Synchronisation
C	Statusmeldung
D	Ende der Synchronisation
E	Lageraufgabe
F	Stornoanfrage für die Lageraufgabe
G	Quittierung der Lageraufgabe
H	Quittierung der Stornoanfrage der Lageraufgabe
I	Lagerplatz leer
J	Startpunkt
K	Life-Telegramm
L	Statusanfrage
M	Routing-Anfrage – Behälterfördertechnik
N	Soll-Routing – Behälterfördertechnik
O	Ist-Routing – Behälterfördertechnik

Tabelle 2.5: Liste der möglichen Telegrammkategorien

Nachdem Sie das SAP EWM mit den Telegrammarten bekannt gemacht haben, können Sie sich an den Aufbau der Matrix wagen.

Nehmen Sie als Grundlage erst einmal alle Ihre **Meldepunktarten** und schreiben Sie auf, welche Telegrammtypen von Meldepunkten mit dieser Art empfangen werden können.

Danach nehmen Sie den **Ressourcentyp** und ordnen ihm alle zu empfangenden Telegrammtypen zu.

Schließlich löschen Sie eventuelle Dopplungen. Nun haben Sie eine vollständige Liste, auf Basis derer Sie die MFS-Aktionen vergeben können.

Die Namen der MFS-Aktionen dürfen nur **zwei Zeichen** lang sein und werden in alphanumerischer Form festgelegt. Das erschwert eine sprechende Logik. Versuchen können Sie es dennoch, im Zweifel können Sie auch einfach durchnummerieren.

Im selben Arbeitsgang definieren Sie die Funktionsbausteine hinter den Findungen. Diese legen Sie in Ihrem SAP-System an und sammeln sie in einer gemeinsamen Funktionsgruppe. Soll bei manchen Aktionen dasselbe Coding ausgeführt werden, können Sie Bausteine mehrfach zuordnen. Das Gleiche funktioniert auch mit der MFS-Aktion (siehe Abbildung 2.34).

	A	B	C	D	E	F
1	**Lagernumme**	**Meldepunktart**	**Ressourcentyp**	**TeleArt**	**MFS Aktion**	**Funktionsbaustein**
2	DEWH	ROUT		LREP	RO	Z_EWM_MFSACT_ROUT
3	DEWH	DTWS		LREP	DW	Z_EWM_MFSACT_DTWS
4	DEWH	NIOC		LREP	NI	Z_EWM_MFSACT_NIOC
5	DEWH	DTAI		LREP	DT	Z_EWM_MFSACT_DTAI
6	DEWH	AAWS		TREG	AA	Z_EWM_MFSACT_AAWS
7	DEWH	SFWS		LREP	SF	Z_EWM_MFSACT_SFWS
8	DEWH	CHSC		LREP	CH	Z_EWM_MFSACT_CHSC
9	DEWH	DROP		TREG	DR	Z_EWM_MFSACT_DROP
10	DEWH		RBG	STAT	ST	Z_EWM_MFSACT_STAT

Abbildung 2.34: Excel-Matrix für MFS-Aktionen

Diese Matrix übertragen Sie nun in zwei Schritten ins SAP EWM.

Zuerst müssen Sie grundlegende MFS-Aktionen bestimmen. Hierfür gehen Sie zu folgendem Customizing-Pfad: SCM EXTENDED WAREHOUSE MANAGEMENT • EXTENDED WAREHOUSE MANAGEMENT • MATERIALFLUSSSYSTEM (MFS) • TELEGRAMMVERARBEITUNG • MFS-AKTIONEN DEFINIEREN (siehe Abbildung 2.35).

MFS-Aktion definieren

Aktion	ActionFunktion	Asynchroner Aktions-FB
AA	Z_EWM_MFSACT_AAWS	
CH	Z_EWM_MFSACT_CHSC	
DR	Z_EWM_MFSACT_DROP	
DT	Z_EWM_MFSACT_DTAI	
DW	Z_EWM_MFSACT_DTWS	
NI	Z_EWM_MFSACT_NIOC	
RO	Z_EWM_MFSACT_ROUT	
SF	Z_EWM_MFSACT_SFWS	
ST	Z_EWM_MFSACT_STAT	

Abbildung 2.35: MFS-Aktionen definieren

Hier hinterlegen Sie die vorher angelegten Funktionsbausteine. Zusätzlich zur synchronen Ausführung des Aktionsbausteins kann noch ein asynchroner Baustein ausgeführt werden. Dieser wird nach der Ausführung des Aktionsbausteins gestartet. Auf diese Weise lagern Sie Verarbeitungen aus, die während der Telegrammausführung nicht zwingend notwendig sind. Dies spart Ihnen je nach Szenario wertvolle Millisekunden in der Ausführung, wenn einer SPS geantwortet werden muss.

Beachten Sie darüber hinaus, dass die asynchronen Bausteine nicht mit denselben Parametern aufgerufen werden wie die synchronen. Es werden nur die in Tabelle 2.6 dargestellten Parameter übergeben.

Parameter	Typ	Beschreibung
lv_lgnum	*/SCWM/LGNUM*	Lagernummer
lv_plc	*/SCWM/DE_MFSPLC*	SPS-Kennung
lv_channel	*/SCWM/DE_MFSCCH*	Kommunikationskanal
ls_telegram	*/SCWM/S_MFS_TELETOTAL*	Telegrammstruktur

Tabelle 2.6: Aufrufparameter für asynchrone Aktionsbausteine

Die nächste Customizing-Einstellung finden Sie unter dem Pfad SCM EXTENDED WAREHOUSE MANAGEMENT • EXTENDED WAREHOUSE MANAGEMENT • MATERIALFLUSSSYSTEM (MFS) • TELEGRAMMVERARBEITUNG • MFS-AKTIONEN FINDEN (siehe Abbildung 2.36).

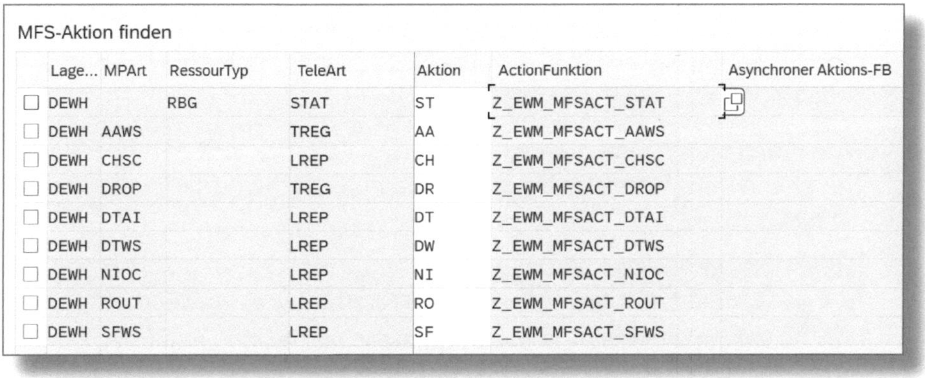

MFS-Aktion finden

Lage...	MPArt	RessourTyp	TeleArt	Aktion	ActionFunktion	Asynchroner Aktions-FB
DEWH		RBG	STAT	ST	Z_EWM_MFSACT_STAT	
DEWH	AAWS		TREG	AA	Z_EWM_MFSACT_AAWS	
DEWH	CHSC		LREP	CH	Z_EWM_MFSACT_CHSC	
DEWH	DROP		TREG	DR	Z_EWM_MFSACT_DROP	
DEWH	DTAI		LREP	DT	Z_EWM_MFSACT_DTAI	
DEWH	DTWS		LREP	DW	Z_EWM_MFSACT_DTWS	
DEWH	NIOC		LREP	NI	Z_EWM_MFSACT_NIOC	
DEWH	ROUT		LREP	RO	Z_EWM_MFSACT_ROUT	
DEWH	SFWS		LREP	SF	Z_EWM_MFSACT_SFWS	

Abbildung 2.36: Findung für MFS-Aktionen definieren

Hier geben Sie die vorher in Excel erstellte Matrix zu Meldepunktart bzw. Ressourcentyp und Telegrammart ein. Diesen Einträgen wird im Anschluss die vorher angelegte MFS-Aktion zugeordnet. Damit ist die Findung der MFS-Aktionen vollständig.

2.5 Ausnahmebehandlung

Ein weiterer sehr entscheidender Punkt in der Einrichtung Ihres Lagers ist die *Ausnahmebehandlung*. Dieser Punkt ist nicht nur bei der Ersteinrichtung relevant – er wird Sie sehr lange begleiten. Denn die richtige

Reaktion auf Ausnahmen, Fehler und Störungen hält Ihr Lager im Fluss und lässt es »rund« laufen.

Im täglichen Betrieb kann es zu sehr vielen unterschiedlichen Fehlersituationen kommen; die Gründe dafür können vielfältig sein: Netzwerkfehler wie eine nicht erreichbare SPS, volle Bahnen, die zu Kapazitätsengpässen führen, Konturenfehler, volle Telegrammpuffer und vieles mehr.

Fehler aufseiten des SAP EWM können Sie selbst behandeln. Fehler, die uns von der Anlage zurückgegeben werden, rühren meist von Fehlercodes in den Telegrammen her.

In Abschnitt 2.3 wurde Ihnen das Prinzip der Teilaufträge von Fahrzeugen erklärt. In einem der Fälle übergeben Sie zwei Teilaufträge an das Fahrzeug, und beide werden Ihnen der Reihe nach idealerweise positiv zurückquittiert; sie erhalten von der SPS zu dem Teilauftrag die Meldung »DONE«.

Wird Ihnen »FAIL« rückgemeldet, informiert Sie die SPS darüber, welchen Fehler sie festgestellt hat und was die positive Quittierung verhindert.

Negative Auftragsquittierung eines Fahrzeugs

Ein typischer Fehlerfall beim Beladen ist ein leeres Quellfach. So etwas sollte theoretisch nicht vorkommen, ist aber durchaus plausibel. Der dafür vorgesehene Fehlercode ist z. B. `MBNE`. Also bekommen Sie im Telegramm die entsprechende Teilauftragsnummer `123456;FAIL;MBNE`.

Ein leeres Quellfach bedeutet hier, dass eine HU verschwunden ist – ein Fall für Ihr Clearing-Team. Das Fahrzeug darf aber nicht darauf warten, bis jemand sich darum kümmert. Die Verlustzeit wäre viel zu groß. Es muss den Auftrag für sich verwerfen, damit es den nächsten beginnen kann. Gleichzeitig muss der Lagerplatz gesperrt werden und eine Information an das Clearing gehen. Die Lösung dafür ist für Sie der Ausnahmecode `MBNE`, der auf den Lagerplatz gesetzt wird.

Nicht alle Probleme müssen an ein Clearing-Team übertragen werden. Ist z. B. die Schnittstelle einer SPS nicht erreichbar, kann es genügen, die Nachricht erneut zu senden. Fehlerhafte Behälter auf der Fördertechnik können zum nächsten NIO-Platz geschickt werden, um dort bearbeitet zu werden.

Gehen Sie also denkbare Fehlerquellen durch, und erstellen Sie eine Liste aller möglichen Fehlerfälle. Notieren Sie sich die dabei von der SPS übermittelten Fehlercodes und an welcher Stelle diese entstehen können. Idealerweise enthält die Spezifikation Ihres Anlagenautomatisierers eine Liste aller Fehlercodes, die vom Fahrzeug gesendet werden, sowie eine Fallbeschreibung, wann das Fahrzeug solche sendet.

Ein wichtiger Punkt dabei ist, mit welcher Telegrammart die Fehlercodes gesendet werden. Bei Ressourcen kommen in unserem Beispiel die Codes in Form eines STAT-Telegramms an.

Diese Fehlercodes überführen Sie zuallererst in Form von Ausnahmen ins SAP EWM, das einen gewissen Grundstock an möglichen Ausnahmen bereits im Standard ausliefert, darauf können Sie aufbauen.

Gehen Sie also zunächst mit den folgenden angenommenen Ausnahmen ins Rennen:

- `MBLK`: Betriebsmittel gesperrt (langfr.)
- `MBNE`: Quelle leer
- `MBNO`: Ziel belegt
- `MBOF`: Empfangspuffer der SPS voll
- `MBRK`: Betriebsmittel gestört (kurzfr.)
- `MCAN`: Auftragsstornierung von SPS abgelehnt
- `MCAP`: Kapazitätsengpass
- `MCOM`: SPS nicht erreichbar
- `MCON`: Konturenfehler

Was wären die richtigen Reaktionen auf diese Fehlerfälle?

Bei Netzwerkproblemen bietet sich natürlich zuerst einmal die Telegrammwiederholung an. Das wäre bei folgenden Fehlercodes die Maßnahme der Wahl:

- `MBOF`: Empfangspuffer der SPS voll
- `MBRK`: Betriebsmittel gestört (kurzfr.)
- `MCOM`: SPS nicht erreichbar

Eine Telegrammwiederholung wird nicht direkt bei der Definition der Ausnahme hinterlegt, sondern später. Daher reicht es hier, nur den Ausnahmecode zu definieren.

Eine weitere mögliche Reaktion ist das aktive Ausschleusen an den nächstmöglichen NIO-Punkt. Das lässt sich am besten in den Meldepunktlogiken umsetzen, indem Sie als nächstes Ziel eine Lageraufgabe in Richtung eines NIO-Platzes anlegen.

Ein Anwendungsfall wäre hier:

- `MCON`: Konturenfehler

Des Weiteren kann dort, wo etwas überwacht werden soll, ein Alert ausgelöst werden:

- `MBLK`: Betriebsmittel gesperrt (langfr.)
- `MBRK`: Betriebsmittel gestört (kurzfr.)
- `MCAN`: Auftragsstornierung von SPS abgelehnt
- `MCAP`: Kapazitätsengpass

Die Königsklasse der Folgeaktionen ist die Auslösung von Workflow-IDs oder Statusmanagementaktions-IDs. Hier können Sie komplexe Abläufe aufbauen, die auch Clearing-Maßnahmen unterstützen. Das ist angezeigt bei:

- `MBNE`: Quelle leer
- `MBNO`: Ziel belegt

☛ Melden, melden, melden

Nicht alle möglichen Fehler müssen beim Hochlauf Ihres Lagers perfekt abgefangen werden. Viele Fehler, die Sie während Ihres Hochlaufs haben, verschwinden mit der Zeit. Manche bleiben Ihnen. Auch lässt sich oft schwer vorhersagen, wie häufig bestimmte Fehler auftreten werden. Oftmals reicht es daher zu Beginn, wenn Sie die Fehler mit einem Alert melden oder Sie sich ein Log dafür schreiben. Mit der Zeit werden Sie sehen, welche Fehler eine komplexere Fehlerbehandlung erfahren sollten, um Ihr Clearing-Team zu entlasten. Für den Anfang ist die einfache Fehlerdokumentation oft ausreichend.

Legen Sie also die Ausnahmecodes an, wie in Abbildung 2.37 zu sehen. Springen Sie dafür in der Transaktion *SPRO* zu folgendem Pfad: SCM EXTENDED WAREHOUSE MANAGEMENT • EXTENDED WAREHOUSE MANAGEMENT • PROZESSÜBERGREIFENDE EINSTELLUNGEN • AUSNAHMEBEHANDLUNG • DEFINITION VON AUSNAHME-CODES.

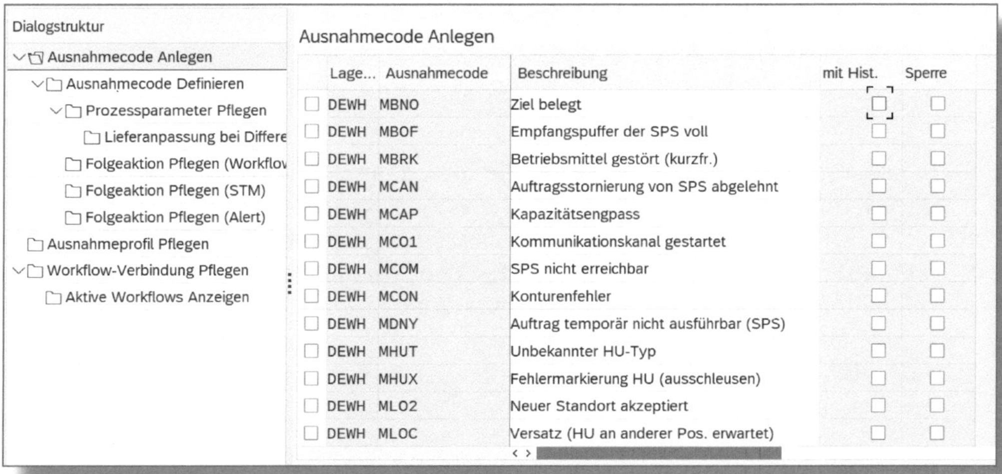
Dialogstruktur
Ausnahmecode Anlegen
Ausnahmecode Definieren
Prozessparameter Pflegen
Lieferanpassung bei Differe
Folgeaktion Pflegen (Workflov
Folgeaktion Pflegen (STM)
Folgeaktion Pflegen (Alert)
Ausnahmeprofil Pflegen
Workflow-Verbindung Pflegen
Aktive Workflows Anzeigen
Ausnahmecode Anlegen
Lage... Ausnahmecode Beschreibung mit Hist. Sperre
DEWH MBNO Ziel belegt
DEWH MBOF Empfangspuffer der SPS voll
DEWH MBRK Betriebsmittel gestört (kurzfr.)
DEWH MCAN Auftragsstornierung von SPS abgelehnt
DEWH MCAP Kapazitätsengpass
DEWH MCO1 Kommunikationskanal gestartet
DEWH MCOM SPS nicht erreichbar
DEWH MCON Konturenfehler
DEWH MDNY Auftrag temporär nicht ausführbar (SPS)
DEWH MHUT Unbekannter HU-Typ
DEWH MHUX Fehlermarkierung HU (ausschleusen)
DEWH MLO2 Neuer Standort akzeptiert
DEWH MLOC Versatz (HU an anderer Pos. erwartet)

Abbildung 2.37: Ausnahmen und deren Folgeaktivitäten definieren

Danach ordnen Sie die angelegten Ausnahmecodes aus Feld F TELE in Abbildung 2.38 den entsprechenden SPS-Fehlercodes im Feld AUSN. SPS zu.

Dies geschieht im Customizing unter dem Punkt SCM EXTENDED WAREHOUSE MANAGEMENT • EXTENDED WAREHOUSE MANAGEMENT • MATERIALFLUSSSYSTEM (MFS) • AUSNAHMEBEHANDLUNG • EWM-AUSNAHMEN • EWM-AUSNAHME ZU SPS-FEHLER DEFINIEREN.

EWM-Ausnahme zu SPS-Fehler definieren

Lage...	STyp	TeleArt	F Tele	Objekttyp	Ausn. SPS
DEWH	R	STAT	MBLK	Ressou...	MBLK
DEWH	R	STAT	MBNE	Ressou...	MBNE
DEWH	R	STAT	MBNO	Ressou...	MBNO
DEWH	R	STAT	MBOF	Ressou...	MBOF
DEWH	R	STAT	MBRK	Ressou...	MBRK
DEWH	R	STAT	MCAN	Ressou...	MCAN
DEWH	R	STAT	MCAP	Ressou...	MCAP
DEWH	R	STAT	MCO1	Ressou...	MCO1
DEWH	R	STAT	MCOM	Ressou...	MCOM
DEWH	R	STAT	MCON	Ressou...	MCON

Abbildung 2.38: Ausnahmecodes zu SPS-Fehlercodes definieren

In unserem Fall haben wir darauf geachtet, dass die Fehlercodes aufseiten von SAP EWM und SPS den gleichen Namen tragen. Das ist nicht zwingend notwendig. Wichtig ist nur, dass die Zuordnung korrekt ist und Sie den Fehlercode, den die SPS per Telegramm meldet, einer Ausnahme mit passender Reaktion zuordnen.

Nun gibt es aber auch Fehlercodes und Ausnahmen, die Sie an die SPS zurückmelden wollen.

In Abschnitt 3.2 wird Ihnen der Ablauf der Telegrammverarbeitung erklärt. Innerhalb dieser kann es zu unterschiedlichsten Fehlern kommen, weshalb Sie ein Telegramm abweisen können. Sollte das passieren, müssen Sie der SPS mit einem für sie verständlichen Fehlercode antworten.

Diese Fehlercodes für Telegrammfehler werden ebenfalls innerhalb der Ausnahmebehandlung definiert und im Customizing wie in Abbildung 2.39 im Feld F TELE zugeordnet:

SCM EXTENDED WAREHOUSE MANAGEMENT • EXTENDED WAREHOUSE MANAGEMENT • MATERIALFLUSSSYSTEM (MFS) • AUSNAHMEBEHANDLUNG • TELEGRAMMFEHLER ZU SPS-FEHLER ZUORDNEN.

Telegrammfehler zu SPS-Fehler zuordnen

Lage...	STyp	Telegrammfehler	F Tele	Neustart
DEWH	M	Laufnummer falsch	LNRF	☐
DEWH	M	Telegramm enthält ungültigen Inhalt	TINR	☐
DEWH	R	Laufnummer falsch	LNRF	☐
DEWH	R	Telegramm enthält ungültigen Inhalt	TINR	☐

Abbildung 2.39: Telegrammfehler zu SPS-Fehler zuordnen

Sie bewegen sich hier allerdings nur noch auf Ebene Ihrer Schnittstellentypen. Dies bedeutet, dass ein so zugeordneter Fehlercode für alle SPS gilt, die dem jeweiligen Schnittstellentyp angehören.

2.6 Stammdatenpflege

Kommen wir zum letzten Teil unserer Lagereinrichtung: der Stammdatenpflege. Hier hinterlegen Sie die systemspezifischen Einstellungen Ihres Lagers. Dabei unterscheidet man zwischen lagerspezifischen und kommunikationsspezifischen Stammdaten.

Bei den *lagerspezifischen Stammdaten* treffen Sie die letzten Zuordnungen zwischen Meldepunkten, Lagerplätzen, Ressourcen und Queues. Was die *kommunikationsspezifischen* betrifft, geht es noch einmal mehr zur Sache.

Normalerweise würde man davon ausgehen, dass man die Einstellungen zu IP-Adressen oder TCP/IP-Verbindungen einmal festlegt und dann nie wieder anfasst. Das ist der Idealfall – aber Ihre Chancen, dass dieser eintritt, stehen nicht sehr gut. Das gilt insbesondere für neu gebaute Anlagen, die in ein bestehendes Lager integriert werden. Für erste Fahrtests ist es manchmal am sinnvollsten, Ihre physische Anlage mit dem SAP-EWM-Testsystem zu verbinden. Auf diese Weise können Ihre Key-User und die Anlagenbauer in Ruhe testen und Analysen fahren, ohne den Live-Betrieb zu stören.

Für die erste Zeit keine schlechte Lösung, aber was machen Sie nach dem Go-Live für Tests in Ihrer Hypercarephase?

Stellen Sie sich diese Frage frühzeitig, denn gerade Tests von Materialflusslogiken lassen sich nur schwer manuell aufbauen. Einfache Konstellationen sind kein Problem, wie wir in diesem Buch später noch in Abschnitt 2.9 gemeinsam herausfinden werden. Aber Paralleltests, Lasttests und große Simulationen lassen sich nicht mehr manuell abbilden.

Sprechen Sie also mit Ihrem Anlagenhersteller oder auch (falls Sie nicht allein implementieren) mit Ihrem SAP-Implementierungspartner, welche Testmöglichkeiten Ihnen zur Verfügung stehen. Manche Hersteller bieten Simulationen, die Sie auf einer Virtuellen Maschine (VM) laufen lassen können, die ihrerseits mit dem SAP-EWM-Testsystem verbunden wird. Oder Sie schalten die Live-Anlage am Wochenende für große Tests wieder an das SAP-EWM-Testsystem.

Doch egal, wie Ihr Szenario aussieht – dokumentieren Sie die zu treffenden Einstellungen für den späteren Betrieb sorgfältig! Spätestens bei Ihrer ersten Systemkopie werden Sie sie auf jeden Fall wieder brauchen.

Kommen wir nun also zur Stammdatenpflege.

2.6.1 Lagerspezifische Stammdaten

Die erste abzuarbeitende Station ist die Zuordnung der Meldepunkte zu Ihren Lagerplätzen. Spezielle Anforderungen seitens des Materialflusses an die Lagerplätze gibt es nicht. Wichtig ist nur, dass Sie die HU-Typen, die Ihre Fördertechnik später transportieren soll, darauf auch lagern dürfen. Übernehmen Sie die in Abschnitt 2.1.3 vorgegebenen Kapazitäten der Meldepunkte für Ihren Lagerplatz.

☛ Klassischer Fehlerfall: unterschiedliche Einstellungen von Meldepunkt und Lagerplatz

Es kommt in der Praxis immer wieder vor, dass sich der zu transportierende Behälter bereits auf der Fördertechnik befindet, aber nicht auf einen Lagerplatz gebucht werden kann. Die Palette ist zu schwer, es gibt keinen »Platz« mehr am Lagerplatz, weil die maximale Belegung bereits erreicht ist, usw. Der Abbruchgrund ist hierbei kein physikalischer, sondern ein rein datentechnischer, kurz: Der Meldepunkt ist weniger restriktiv eingestellt als der zugehörige Lagerplatz. Behalten Sie daher die Einstellungen beider Elemente immer im Kopf, und achten Sie darauf, dass diese nicht auseinanderlaufen. Halten Sie das alles idealerweise auch in Ihrer Customizing-Dokumentation fest.

Sind die Lagerplätze angelegt, beginnen Sie mit der Zuordnung zu den Meldepunkten. Springen Sie hierfür auf Ihren Startbildschirm und wechseln Sie ins SAP-Menü.

Über den SAP-Easy-Access-Pfad Extended Warehouse Management • Stammdaten • Materialflusssystem (MFS) • Meldepunkte pflegen (Transaktionscode */SCWM/MFS_CP*) finden Sie die Einstellung zur Zuordnung der Lagerplätze. Abbildung 2.40 zeigt Ihnen den Aufbau der zu pflegenden Tabelle.

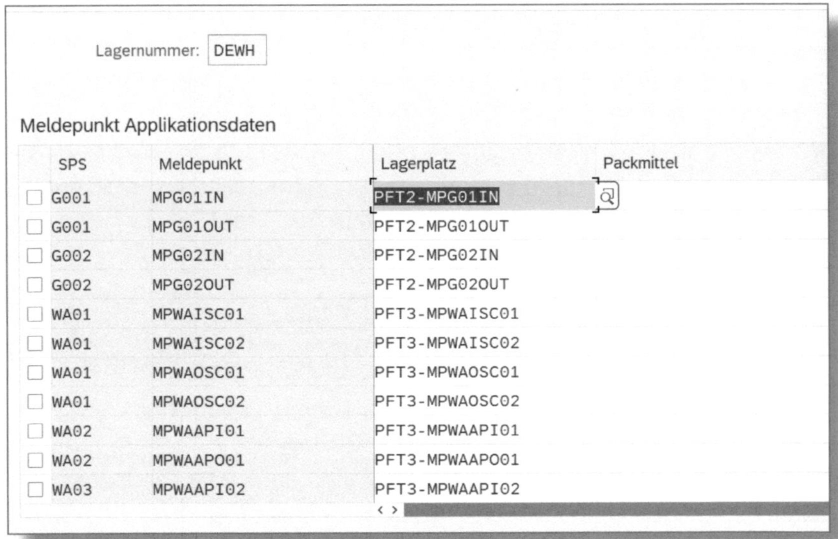

Lagernummer: DEWH

Meldepunkt Applikationsdaten

SPS	Meldepunkt	Lagerplatz	Packmittel
G001	MPG01IN	PFT2-MPG01IN	
G001	MPG01OUT	PFT2-MPG01OUT	
G002	MPG02IN	PFT2-MPG02IN	
G002	MPG02OUT	PFT2-MPG02OUT	
WA01	MPWAISC01	PFT3-MPWAISC01	
WA01	MPWAISC02	PFT3-MPWAISC02	
WA01	MPWAOSC01	PFT3-MPWAOSC01	
WA01	MPWAOSC02	PFT3-MPWAOSC02	
WA02	MPWAAPI01	PFT3-MPWAAPI01	
WA02	MPWAAPO01	PFT3-MPWAAPO01	
WA03	MPWAAPI02	PFT3-MPWAAPI02	

Abbildung 2.40: Lagerplätze den Meldepunkten zuordnen

Hier ordnen Sie nun Schritt für Schritt den einzelnen Meldepunkten ihre Lagerplätze zu.

Im Anschluss sortieren Sie die Lagerplätze anhand der auf ihnen ausgeführten Tätigkeiten. Hinterlegen Sie dafür Sortierungsvorschriften für die neuen Lagerplätze. Das System ordnet darüber die entstehenden Lageraufgaben den Lageraufträgen zu. Während in manuellen Lagern die Sortierung dafür sorgt, dass mehrere Lageraufgaben von oder zu einem bestimmten Lagerplatz innerhalb des Lagerauftrags wie im Customizing vorgesehen sortiert sind, also Auslagerungen (PICK) vor Einlagerungen (PTWY) erfolgen, ist dieses Vorgehen im MFS nur theoretischer Natur.

Im MFS stehen Lageraufgaben zu ihren Lageraufträgen immer in einer Eins-zu-eins-Zuordnung. Das bedeutet, jeder Lagerauftrag enthält nur eine Lageraufgabe. Dennoch erfordert SAP EWM eine tätigkeitsbezogene Sortierreihenfolge, da sonst keine Zuordnung zwischen einem Lagerauftrag und einer Lageraufgabe erfolgen kann. Deswegen müssen Sie über den SAP-Easy-Access-Pfad EXTENDED WAREHOUSE MANAGEMENT • STAMMDATEN • LAGERPLATZ • LAGERPLÄTZE SORTIEREN

(Transaktion */SCWM/SBST*) eine Platzsortierung anlegen (siehe Abbildung 2.41).

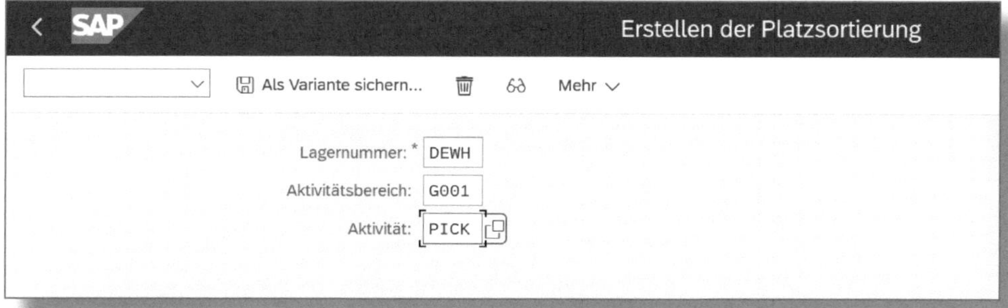

Abbildung 2.41: Lagerplatzsortierung erstellen

Geben Sie den AKTIVITÄTSBEREICH Ihrer neu angelegten Lagerplätze an, und erstellen Sie der Reihe nach die Sortierungen. Die in unserem Beispiel entscheidenden Aktivitäten im MFS waren *PICK*, *PTWY* und *INTL*, angegeben in dieser Reihenfolge.

Zuletzt nehmen Sie die Zuordnung der MFS-Ressourcen zu Ihren vorher angelegten Queues vor.

Dafür gehen Sie über den SAP-Easy-Access-Pfad EXTENDED WAREHOUSE MANAGEMENT • STAMMDATEN • MATERIALFLUSSSYSTEM (MFS) • MFS-RESSOURCE PFLEGEN (Transaktion */SCWM/MFS_RSRC*). Dies führt Sie zu der in Abbildung 2.42 sichtbaren Tabelle.

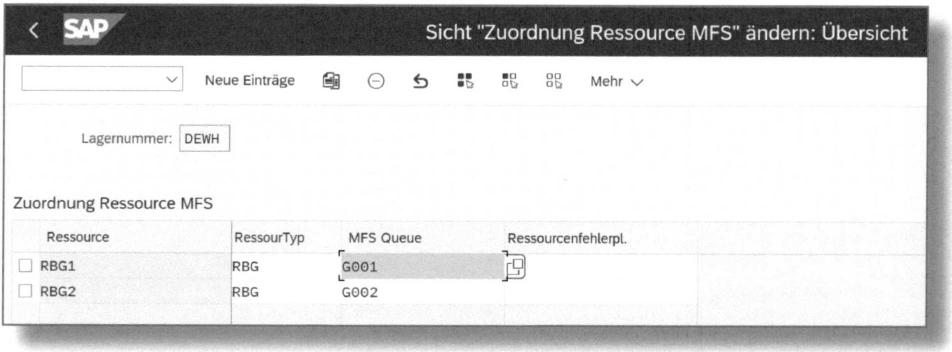

Abbildung 2.42: Queue für MFS-Fahrzeuge der Ressource zuordnen

Hier ordnen Sie Ihren beiden Regalbediengeräten den Ressourcentyp (RESSOURTYP) und die dazugehörige MFS QUEUE zu. *RBG1* fährt auf Gasse 1 und RBG2 auf Gasse 2. Damit haben die Regalbediengeräte die Sicht frei für die abzuarbeitenden Lageraufgaben.

2.6.2 Kommunikationsspezifische Einstellungen

Kommen wir nun zum Block der Kommunikationseinstellungen. Zuerst wollen wir klären, wie die Kommunikation überhaupt abläuft, wie die MFS-Anlage mit Ihnen kommuniziert und wie Sie mit ihr kommunizieren. Hierfür erhält die Anlage von uns eine RFC-Destination mit einer Programm-ID, die zusätzlich zu den Userdaten als Identifikation für die Verbindung dient.

Legen Sie also im ersten Schritt eine zentrale RFC-Verbindung für Ihre komplette Anlage an. Dafür nutzen Sie den SAP-Easy-Access-Pfad WERKZEUGE • ALE • ALE ADMINISTRATION • LAUFZEITEINSTELLUNGEN • RFC-DESTINATION PFLEGEN (Transaktion *SM59*). Sie gelangen zu der in Abbildung 2.43 dargestellten Übersicht.

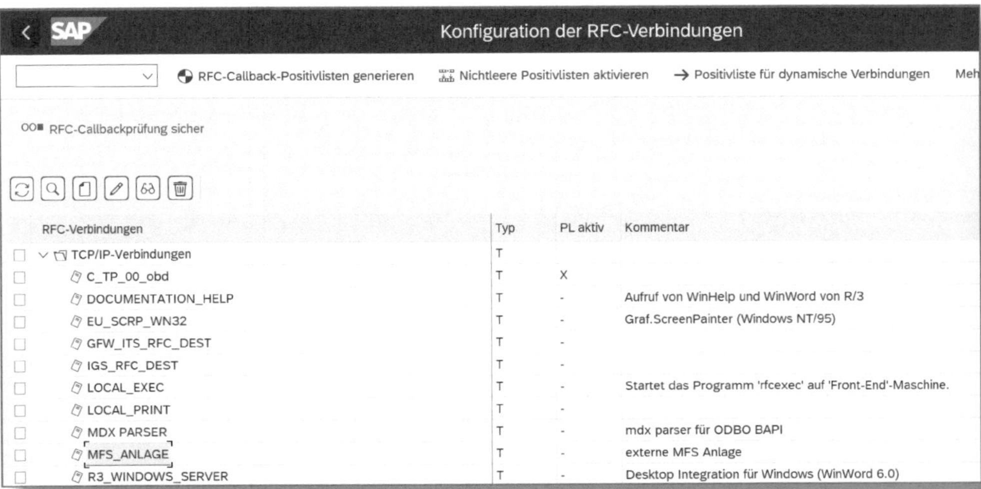

Abbildung 2.43: TCP/IP-Verbindung anlegen

Dort legen Sie eine neue Verbindung vom Typ TCP/IP-VERBINDUNG an, indem Sie über den Button (Anlegen) in die in Abbildung 2.44 dargestellte Einzelsicht wechseln.

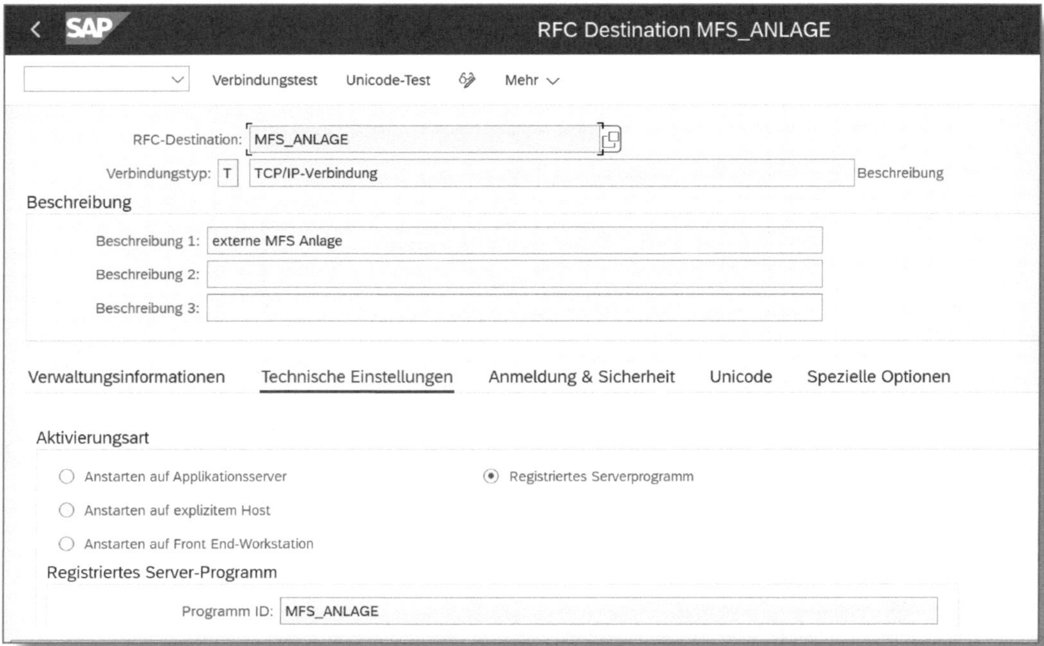

Abbildung 2.44: TCP/IP Verbindung – Detailsicht

Die zuvor erwähnte Programm-ID finden Sie unter dem Reiter TECHNISCHE EINSTELLUNGEN. Dafür müssen Sie die AKTIVIERUNGSART auf REGISTRIERTES SERVER-PROGRAMM umstellen.

Danach können Sie eine PROGRAMM ID hinterlegen. Was Sie in dieses Feld schreiben, bleibt komplett Ihnen überlassen. Im Grunde geht es nur um die Identifizierung der Meldequelle.

Übergeben Sie diese Programm-ID gemeinsam mit den Anmeldedaten für den RFC-User (SAP-User mit Benutzertyp Service) der Anlage an den Anlagenautomatisierer.

Um zu sehen, ob eine Verbindung zustande kommt, haben Sie zwei Möglichkeiten:

- Sie überprüfen, ob der RFC-User im System angemeldet ist. Dafür verwenden Sie die Transaktion *AL08* und filtern nach dem Benutzer.
- Oder Sie nutzen die Transaktion *SMGW*. Hier sind alle über eine Programm-ID registrierten Verbindungen gelistet.

Wenn Sie diese registrierte Verbindung sehen, können Sie in die Transaktion *SM59* zurückwechseln und einen Verbindungstest durchführen. Dieser wird nun auch erfolgreich sein.

Damit auch Ihre SPS diese registrierte Verbindung nutzen können, müssen Sie diese dort entsprechend hinterlegen.

Dafür wechseln Sie in den SAP-Easy-Access-Pfad EXTENDED WAREHOUSE MANAGEMENT • STAMMDATEN • MATERIALFLUSSSYSTEM (MFS) • SPEICHERPROGRAMMIERBARE STEUERUNG PFLEGEN (Transaktion */SCWM/MFS_PLC*). Der dahinterliegende Aufruf führt Sie zur Tabellenübersicht aus Abbildung 2.45.

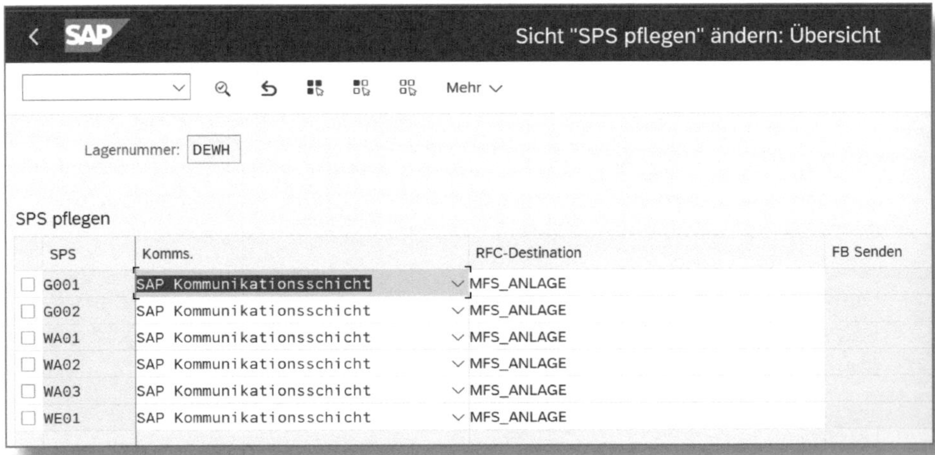

Abbildung 2.45: Zuordnung der SPS zur RFC-Destination

Tragen Sie die zuvor angelegte RFC-Destination bei den SPS ein.

Kommen wir nun zur Einstellung der Kommunikationsschicht. Hierfür stehen Ihnen im Drop-down-Menü in der Spalte Komms. folgende drei Einstellungsmöglichkeiten zur Auswahl:

- *SAP Kommunikationsschicht*
- *proprietäre Kommunikationsschicht*
- *SAP ABAP Push Channel TCP Socket Kommunikationsschicht*

Diese Einstellungen regeln, über welche Form und Logik die Kommunikation zur Anlage aufgebaut wird.

Die einfachste Einstellung ist die *SAP Kommunikationsschicht*. Hier wird beim Aufruf der Schnittstelle lediglich ein RFC-Kommando gesendet. Die hinterlegten Kommandos, die das SAP EWM in diesem Zusammenhang kennt, sind »START«, »SEND«, »STOP« und »GET_AGENT_STATE«. Voraussetzung für das Funktionieren dieser Einstellung ist, dass die Gegenseite auf diese Kommandos reagiert.

Die Datenübertragung erfolgt dabei in einer Tabelle mit je 4.096 Zeichen pro Zeile. Hier wird entweder der Telegramm-String oder die Kanal-IP inkl. Port übertragen.

Hierbei können Sie jedoch nur sehr wenig in die Kommunikation eingreifen. Es wird viel in die Gegenseite verlagert, und der Nachrichteninhalt kann außerhalb der Eingriffsmöglichkeiten im Rahmen der Telegrammverarbeitung nur bedingt angepasst werden.

Braucht es daher mehr Eingriffsmöglichkeiten und eine höhere Flexibilität, bietet sich die *proprietäre Kommunikationsschicht* an.

Mit einem Doppelklick auf eine der in Abbildung 2.45 sichtbaren Zeilen, z. B. die SPS *G002*, kommen Sie in die Einzelbildsicht (siehe Abbildung 2.46).

Wählen Sie die *proprietäre Kommunikationsschicht* aus, können hinter den Einstellungen der Destination auch die Felder FB SENDEN, FB STARTEN, FB STOPPEN und FB ZUSTAND mit den Funktionsbausteinen gefüllt werden.

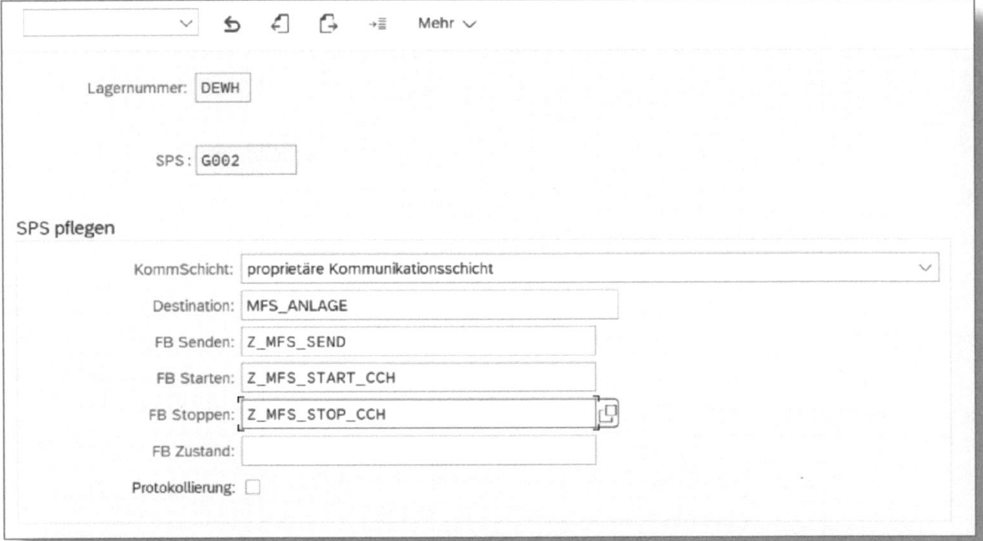

Abbildung 2.46: Einstellungen bei proprietärer Kommunikationsschicht

Hier werden die Funktionsbausteine hinterlegt, die bei den einzelnen Aktionen ausgeführt werden sollen.

Aber Achtung: SAP EWM ruft die hinterlegten Funktionsbausteine mit dem ABAP-Befehl `CALL FUNCTION iv_funcname DESTINATION is_tmfsplc-rfcdst` im Funktionsbaustein */SCWM/MFS_CL_CALL* auf. Ihr Anlagenautomatisierer muss den Aufruf zum Senden eines Telegramms Richtung Anlage so angleichen, dass die Anlage die Daten des SAP EWM mit dem Telegramm-String annehmen kann, und dafür sorgen, dass Ihnen die erwarteten IMPORTING-Parameter zurückzugeben werden.

Leider gibt es keinerlei Standardbausteine, die Sie hier als Vorlage nutzen können. Damit Sie jedoch eine grobe Vorstellung von der Struktur der Funktionsbausteine, die Sie hier anlegen müssen, erhalten, verweise ich noch mal auf den SAP-Funktionsbaustein */SCWM/MFS_CL_CALL*. Dieser führt die Aufrufe aus und hat die Übergabestrukturen entsprechend hinterlegt.

Die dritte Kommunikationsschicht, die zur Verfügung steht, ist der *ABAP Push Channel (APC)*. Dabei handelt es sich um die SAP-Implementierung für das WebSocket-Protokoll (RFC 6455).

Diese Implementierung ermöglicht eine bidirektionale Kommunikation. Im Gegensatz zum gängigen Pull-Prinzip bei solchen Client-Server-Kommunikationen, bei dem jede Antwort zuvor eine Anfrage an den Server braucht, kann im Push-Prinzip die Antwort direkt an den Server gesendet werden. Das ermöglicht nahezu eine Echtzeitkommunikation mit Ihrer Anlage. Zudem ist diese Art der Kommunikation ressourcenschonender für Ihr Netzwerk und bietet eine bessere Performance. Ein weiteres Beispiel für den Einsatz dieser Technik neben dem MFS sind UI5-Dialoge im SAP-Fiori-Umfeld.

Die Kommunikation ist trotzdem zunächst einmal »stateless«, was Sie für Ihre Umsetzung beachten müssen.

Kommen wir zur letzten Kommunikationsvariante. Der SAP-EWM-Standard bietet die Möglichkeit, die Kommunikation mit der Anlage zu simulieren. Sie können diese somit jederzeit für Test- oder Entwicklungssysteme nutzen.

Dabei wählen Sie wie in Abbildung 2.47 die Einstellung *proprietäre Kommunikationsschicht* und pflegen im Feld FB Senden den Funktionsbaustein */SCWM/MFS_SIM_RECEIVE*.

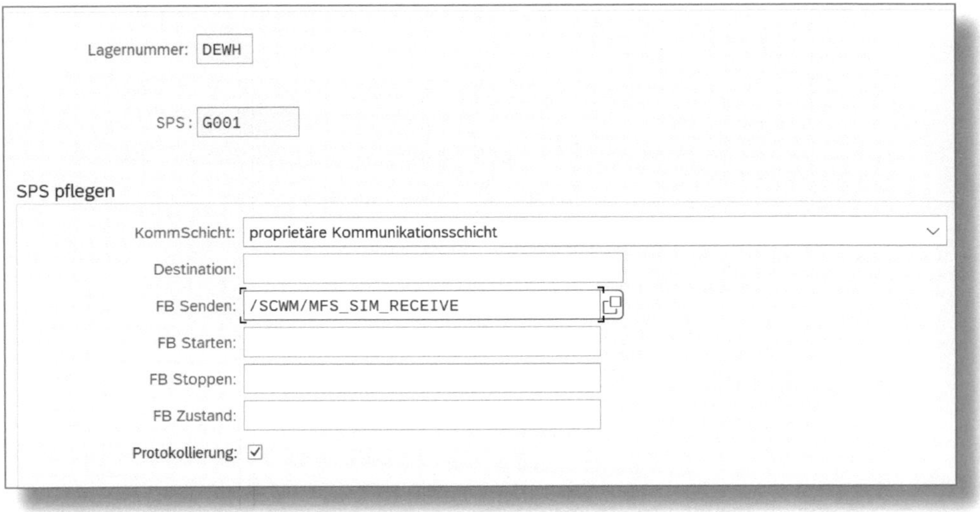

Lagernummer: DEWH

SPS: G001

SPS pflegen

KommSchicht: proprietäre Kommunikationsschicht

Destination:

FB Senden: /SCWM/MFS_SIM_RECEIVE

FB Starten:

FB Stoppen:

FB Zustand:

Protokollierung: ☑

Abbildung 2.47: Einstellungen zur Simulation einer Anlage

Telegramme werden dann nicht extern gesendet, sondern nur direkt an den Standardempfangsbaustein */SCWM/MFS_RECEIVE2* des SAP EWM weitergeleitet.

Egal, welche Art von Verbindung Sie wählen, sie muss erst einmal aufgebaut werden, bevor Sie darüber kommunizieren können. Einmal aufgebaut, kann sie mit Pings dauerhaft am Leben gehalten werden. Trotzdem gibt es Einschränkungen. Sie können die Kommunikation nur vonseiten des SAP EWM aus starten. Szenarien, in denen die Anlage eine Kommunikation beginnt, sind nicht ohne Weiteres darstellbar. Doch gibt es noch einen zweiten Weg, auf dem Sie die Anlage ansprechen können: die Kommunikationskanäle.

Wechseln Sie hierfür in den SAP-Easy-Access-Pfad EXTENDED WAREHOUSE MANAGEMENT • STAMMDATEN • MATERIALFLUSSSYSTEM (MFS) • KOMMUNIKATIONSKANAL PFLEGEN (Transaktion */SCWM/MFS_CCH*). Hier können Sie die IP-Daten der einzelnen SPS hinterlegen und sie direkt ansprechen (siehe Abbildung 2.48).

In Ihrer echten Anlage werden Sie natürlich mit realen IP-Adressen arbeiten. Für das Szenario dieses Buches verwenden wir die Standard-Loopback-Adresse *127.0.0.1* mit einfach fortlaufenden Ports. Sie wird klassisch bei Anlagen verwendet, die in Simulationen auf externen Rechnern laufen, egal, ob virtualisiert oder nicht.

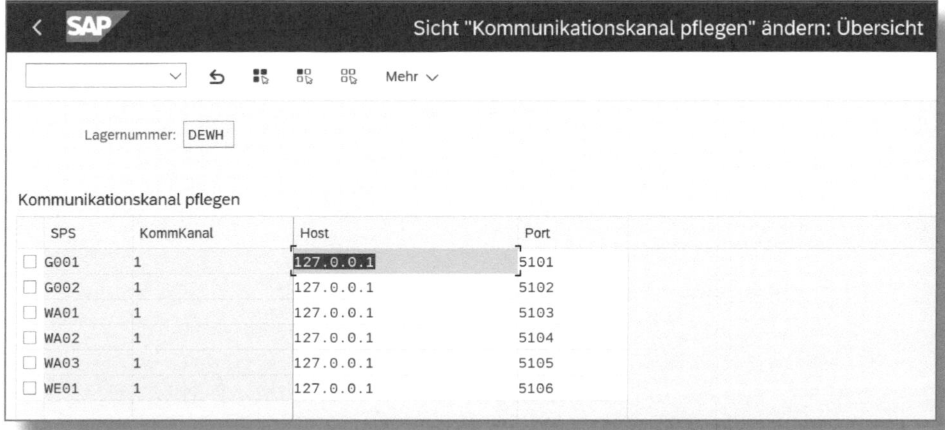

Abbildung 2.48: IP-Adressen für Kommunikationskanäle eingeben

Damit ist Ihre Anlage vollständig angebunden und bereit zu kommunizieren.

Es handelt sich hierbei um die einfachste Möglichkeit, Ihre Anlage mit dem SAP EWM zu verbinden. Für eine so kleine Anlage wie in diesem Szenario ist das durchaus in Ordnung und wird das System nicht in Schwierigkeiten bringen. Seien Sie sich aber dessen bewusst, dass bereits hier einiges an Kommunikation auf Ihr System einprasseln wird. Und je größer die Anlage ist, desto mehr Telegramme sind es.

Ich empfehle Ihnen daher dringend, dass Sie eine bestimmte Einstellung bezüglich der Zuordnung der Prozesse für Telegrammabarbeitungen zu einzelnen Applikationsservern vornehmen. Wenn Ihr SAP-EWM-System auf mehr als einem Applikationsserver läuft, können einer oder auch mehrere dieser Applikationsserver ausschließlich für die Abarbeitung der Telegramme verwendet werden. Die Anmeldungen von normalen Usern aus dem Lager werden dann auf andere Server umgeleitet.

Hierfür müssen Sie die Kollegen Ihrer SAP-Basis mit hinzuziehen, die von dieser Einstellung betroffen sind.

Wenn Sie herausfinden wollen, wie viele Applikationsserver Ihr SAP-EWM-System hat, nutzen Sie die Transaktion *SM51*. Darin finden Sie alle Applikationsserver Ihres Systems gelistet.

Sprechen Sie danach mit Ihrem SAP-Basis-Team, und lassen Sie sich für die Server, die dediziert Telegramme abarbeiten sollen, eine Servergruppe anlegen.

Diese Servergruppe hinterlegen Sie dann wie in Abbildung 2.49 dargestellt im SAP-Easy-Access-Pfad EXTENDED WAREHOUSE MANAGEMENT • STAMMDATEN • MATERIALFLUSSSYSTEM (MFS) • APPLIKATIONSSERVERGRUPPE FÜR MFS-PROZESSE PFLEGEN (Transaktion */SCWM/MFS_APPSRV*) an der Lagernummer.

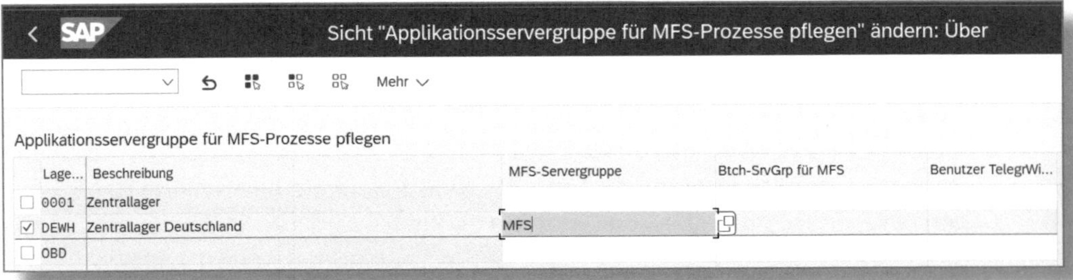

Abbildung 2.49: Servergruppe dediziert für MFS zuordnen

SAP EWM mit angebundener Förderanlage ist ein besonderer Fall

Ein dezentrales SAP EWM mit einer angebundenen automatischen Förderanlage ist nicht mit einem ERP-System zu vergleichen, auch nicht mit einem Hochlast-ERP-Szenario.

Die Menge der Anmeldungen über RFC-Verbindungen kann enorm werden und ist stets maximal schnell abzuarbeiten. Dazu gibt es verschiedenste Hinweise der SAP. Ein Beispiel sind erhöhte RFC-Quoten.

Unter diesem Vorzeichen besitzt eine eigene MFS-Servergruppe ihren Charme. Hier können einzelne Server schwerpunktmäßig die RFC-Abarbeitung übernehmen. Die restlichen Server bearbeiten Useranmeldungen über Rechner oder kommunizieren mit RF-Geräten.

2.7 Sonderfall Behälterfördertechnik

Das komplette bisherige Customizing und auch das Beispielszenario sind, wie eingangs erläutert, auf eine Palettenfördertechnik ausgelegt. Viele der bisher beschriebenen Einstellungen lassen sich aber auch auf ein Behälterlager adaptieren; es gibt dabei jedoch einige Spezifika, auf die ich in diesem Abschnitt näher eingehen möchte.

Genau wie bei einem Palettenlager funktioniert eine Behälterfördertechnik in SAP über Bewegungen durch Lageraufgaben. Auch die Meldepunktsteuerung bleibt gleich. Physikalisch zeichnen sich Behälterfördertechniken oft durch höhere Fahrgeschwindigkeiten, eine größere Zahl an Meldepunkten sowie ein komplexeres Routing aus. SAP-seitig hat hier das Lageraufgabenhandling Defizite, das Quittieren und Anlegen von Lageraufgaben kann dabei einen Großteil der Verarbeitungszeit beanspruchen.

2.7.1 Routing und Nachlagerplatzfindung

Um den kürzeren Antwortzeiten gerecht zu werden, hat die SAP für Behälterfördertechnik einen vereinfachten Prozessablauf und mehrere performanceoptimierte MFS-Aktionsbausteine entwickelt. Speziell hinsichtlich der Routingentscheidungen wurde viel verändert: Es wurde eine Routingtabelle entworfen, die ähnlich der Layoutorientierten Lagerungssteuerung Wegentscheidungen trifft: Wer? Von welchem Platz? Wohin? Oder: »von A nach B über Z«.

Aber worin liegt nun genau der Unterschied zwischen beiden? Die Antwort lautet: Routingentscheidung und Verbuchung werden getrennt und auf den synchronen und asynchronen Teil der Meldepunktverarbeitung aufgeteilt.

Abbildung 2.50 stellt dar, wie eine MFS-Aktion jetzt in der Definition aussieht.

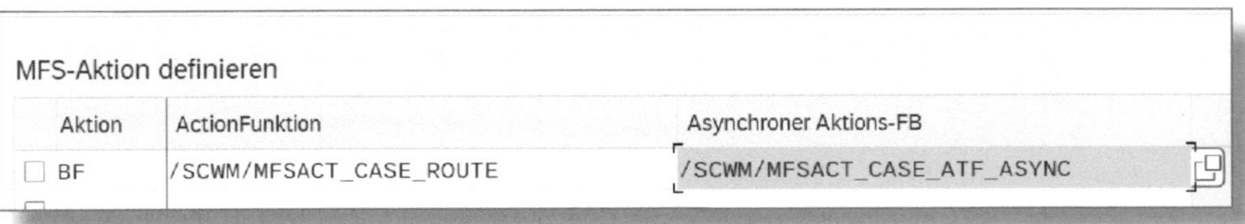
MFS-Aktion definieren

Aktion	ActionFunktion	Asynchroner Aktions-FB
BF	/SCWM/MFSACT_CASE_ROUTE	/SCWM/MFSACT_CASE_ATF_ASYNC

Abbildung 2.50: MFS-Aktion für Behälterfördertechnik

Diese beiden Aktionsbausteine teilen sich die Arbeit wie folgt auf:

Der synchrone Baustein */SCWM/MFSACT_CASE_ROUTE* ermittelt auf Basis der Routingtabelle ein SPS-spezifisches Routingergebnis.

An der Stelle, wo die Layoutorientierte Lagerungssteuerung die Wegermittlung aus SAP-Sicht startet (mit den Lagerplätzen, Lagerungsgruppen o. Ä.), liegt der Fokus auf der SPS. Alles beginnt mit dem Meldepunkt. Somit fallen die »Übersetzungsarbeiten« weg, nämlich aus dem Meldepunkt den Lagerplatz zu ermitteln, aus der HU die Lagerungsgruppe, den HU-Typ usw. Der Meldepunkt ist damit der aktuelle Startpunkt, er gibt an, »von welchem Platz« ausgegangen wird.

Nun stellt sich die Frage nach dem »Wer«. In diesem Fall ist es die HU. An dieser Stelle werden gewisse Kontextinformationen benötigt: Ist die HU leer? Hat sie eine offene Lageraufgabe? Wurde ein Fehler zur HU gemeldet?

All diese Informationen zum »Wer« geben Aufschluss über das »Wohin«: die logische Destination. Einerseits aus Sicht des SAP EWM und andererseits konkret für die SPS.

Aus Sicht des SAP EWM sind die Destinationen Fallentscheidungen. Der SAP-Standard gibt uns dabei bereits einige Fälle zur Verwendung vor:

- OK
- Fehler
- Leere HU ohne offene(n) Lagerauftrag/-aufgabe
- HU mit Inhalt ohne offene(n) Lagerauftrag/-aufgabe
- Vorschlagswert (für Default Routing)
- kundenspezifisch

Jeder Meldepunkt kann je Fall genau eine logische Destination haben. Ausnahme ist dabei der Fall »kundenspezifisch«, denn hier können mehrere Destinationen angelegt werden.

Für ein möglichst schlankes Customizing reicht es oftmals aus, mit dem Fall »Vorschlagswert« zu arbeiten. Dieser wird im Standard dann verwendet, wenn kein anderer Fall zutrifft.

NIO-Routing im Wareneingang

Nehmen wir als Beispiel den Wareneingangsmeldepunkt mit der Konturenkontrolle. Wie würde dieses Verhalten in das Behälterrouting übersetzt aussehen?

Der Meldepunkt MPWENIO1 kennt zwei Fälle: den Fehlerfall und den Default-Fall. Alle weiteren Unterscheidungen sind für ihn irrelevant, da er leere und volle HU gleichbehandelt. Sie sollen weiter Richtung Automatiklagerbereich zur Einlagerung gefahren werden.

Dementsprechend wird hier Folgendes eingestellt:

- Fehler: Destination NIO, Meldepunkt MPWENIO1D
- Vorschlagswert: Destination Lager, Meldepunkt MPWESC01

Die restlichen Destinationen sind jedoch nicht grundsätzlich uninteressant. Je nach Anwendungsfall lässt sich gerade mit »leere HU ohne offene(n) Lagerauftrag/-aufgabe« eine einfache Leerbehälterversorgung aufbauen, ohne diese wie sonst separat programmieren zu müssen.

Achten Sie aber grundsätzlich darauf, Ihr Routing so schlank und minimalistisch wie möglich zu halten, damit es besser wartbar ist.

Sie haben also bei der Ermittlung des »Wohin« einen zutreffenden Fall einer logischen Destination gefunden. Daraus wird die konkrete Destination für die SPS abgeleitet, und zwar in Form eines Meldepunkts, einer Richtung oder eines Bereichs. Diese Information wird via Antworttelegramm an die SPS zurückgemeldet.

Die SPS hat nun eine Routingentscheidung, in SAP wurde aber noch keine Veränderung oder Verbuchung angestoßen.

Ab hier übernimmt der asynchrone Aktionsbaustein. Er vollzieht die Bewegung der Fördertechnik in SAP EWM anhand der Lageraufgaben nach. Hierfür kann er sofort quittierte Lageraufgaben nutzen, da die Bewegung bereits ausgeführt wurde und an dieser Stelle nur nachverbucht wird.

Eine zweite Option für die Verbuchung der Bewegungen ist, dass Sie von der SPS nach Ausführung ebendieser eine Bestätigung erhalten. In diesem Fall wird dem SAP EWM in einem separaten Telegramm die neue Lokation der HU mitgeteilt. Setzen Sie diese Variante ein, wird die HU unabhängig von der vorherigen Routingentscheidung auf den übermittelten Meldepunkt und Lagerplatz gebucht.

Um den Behälterfördertechniken bei der Einlagerung größere Flexibilität zu erlauben, hat die SAP auch die Einlagerstrategie überarbeitet. Es entstand die Grobnachplatzermittlung für Einlager-HU. Diese berücksichtigt, dass zwischen dem Startpunkt der Einlagerung und dem Automatiklager größere Wegstrecken liegen können und dass es gerade bei doppelttiefen Lagerplätzen nicht ideal ist, wenn Plätze von solchen HU reserviert werden, die noch eine lange Fahrzeit vor sich haben.

Die Bewegung zur Einlagerung erfolgt hier also nicht auf Basis einer Lageraufgabe, die bereits auf einen Endlagerplatz im Automatiklager verweist. Vielmehr wird der Platz erst kurz vor der Ankunft im Lager reserviert.

Für die Durchführung der entsprechenden MFS-Aktionen hat SAP zwei neue Funktionsbausteine ausgeliefert. Diese teilen sich auf zwei Meldepunkte auf – einen beim Aufsetzpunkt am Beginn der Förderstrecke und einen kurz vor der Einlagerung.

Der Funktionsbaustein */SCWM/MFSACT_CASE_AISLE_DET* ermittelt den Gang für die Einlagerung, wobei diese Entscheidung in einem HU-Bewegungseintrag gesichert wird. Diese ist allerdings widerrufbar und daher nicht zwingend das Endergebnis der Einlagerung. Das erhöht die Flexibilität im Lager zusätzlich.

Der HU-Bewegungseintrag wird auch bei der Routingentscheidung mitbetrachtet. Wie Sie sich einen solchen Eintrag anzeigen lassen können, erfahren Sie in Abschnitt 5.1.

Erreicht die HU die Gasse, wird am jeweiligen Ressourcenaufnahmepunkt die Ermittlung der finalen Einlagerdaten angestoßen. Dafür ist der Aktionsbaustein */SCWM/MFSACT_CASE_RSRC_PP* verantwortlich.

An dieser Stelle kann es in der Grobplatznachermittlung gewisse Einschränkungen geben, da nicht jedes Endziel von jedem Platz aus erreichbar ist. In diesem Zusammenhang müssen Sie einige Einstellungen vornehmen: zum einen im Customizing und zum anderen in den Stammdaten.

Gibt es aufseiten Ihrer Fahrwege insofern Einschränkungen, dass bestimmte Gassen oder Ebenen nicht erreicht werden können, sollten Sie diese über den Customizing-Pfad SCM Extended Warehouse Management • Extended Warehouse Management • Materialflusssystem (MFS) • Stammdaten • Von Meldepunkt aus erreichbare Gänge und Ebenen definieren hinterlegen. Hier bestimmen Sie, welche Gassen über welche Meldepunkte erreicht werden können, ausgehend von Ihrem Startpunkt.

In Abbildung 2.51 sehen Sie eine solche Definition am Beispiel des Wareneingangsarbeitsplatzes. Vom Aufsatzpunkt *MPWEAP01* können beide Gassen des Hochregallagers, also Gang 1 *(01)* und Gang 2 *(02)*, erreicht werden. Dafür geben Sie als ZWISCHENMELDEPUNKT den jeweiligen MELDEPUNKT der Gasse an, der die Einlagerbahn darstellt. Im Falle von *G001* ist das *MPG01IN*.

Das führt das bestehende Muster weiter: Um von **A** (hier der Arbeitsplatz) nach **B** (in diesem Fall die Gasse) zu kommen, muss man über **Z** (in unserem Beispiel der Meldepunkt der Einlagerbahn) fahren.

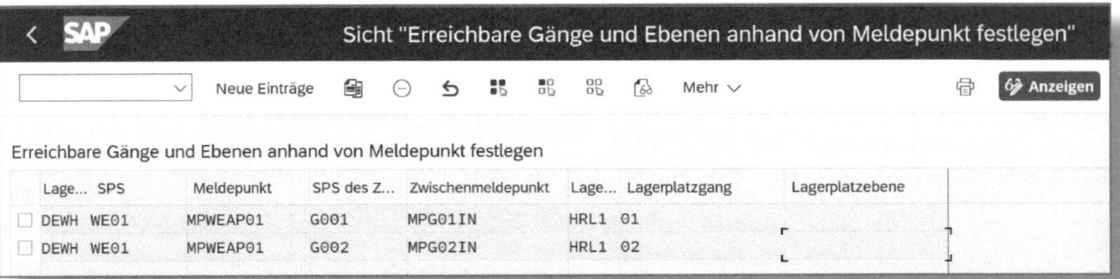

Sicht "Erreichbare Gänge und Ebenen anhand von Meldepunkt festlegen"

Neue Einträge Mehr Anzeigen

Erreichbare Gänge und Ebenen anhand von Meldepunkt festlegen

Lage...	SPS	Meldepunkt	SPS des Z...	Zwischenmeldepunkt	Lage...	Lagerplatzgang	Lagerplatzebene
DEWH	WE01	MPWEAP01	G001	MPG01IN	HRL1	01	
DEWH	WE01	MPWEAP01	G002	MPG02IN	HRL1	02	

Abbildung 2.51: Erreichbare Gänge und Ebenen am Beispiel des Wareneingangs

In den Stammdaten lässt sich eine ähnliche Einstellung für die MFS-Ressourcen treffen, und zwar über den SAP-Easy-Access-Pfad EXTENDED WAREHOUSE MANAGEMENT • STAMMDATEN • MATERIALFLUSSSYSTEM (MFS) • ERREICHBARE GÄNGE UND EBENEN ANHAND VON MELDEPUNKT. Abbildung 2.52 zeigt die Einstellung am Hochregallager.

Sicht "Gänge und Ebenen für MFS-Ressourcen festlegen" ändern:

Neue Einträge Mehr

Lagernummer: DEWH

Gänge und Ebenen für MFS-Ressourcen festlegen

Ressource	Lagertyp	Lagerplatzgang	Lagerplatzebene
RBG1	HRL1	1	
RBG2	HRL1	2	

Abbildung 2.52: Erreichbare Gänge und Ebenen für MFS-Ressourcen

2.7.2 Pflege des Behälterroutings

Um das Routing für die Behälterfördertechnik einzurichten, beginnen Sie mit der Definition der logischen Destinationen – im ersten Schritt für das SAP EWM und im zweiten für die SPS. In der Transaktion *SPRO* finden Sie unter dem Pfad SCM EXTENDED WAREHOUSE MANAGEMENT • EXTENDED WAREHOUSE MANAGEMENT • MATERIALFLUSSSYSTEM (MFS) • ROUTING FÜR BEHÄLTERFÖRDERTECHNIKEN • LOGISCHE DESTINATIONEN FÜR EWM DEFINIEREN den ersten Einrichtungsschritt.

Die Destinationen in SAP EWM geben jedoch kein konkretes Ziel an, sondern nur eine Richtung oder einen Bereich, zu dem geroutet werden soll.

In unserem skizzierten Beispiellager gibt es u. a. die logische Destination *AP_WA – Arbeitsplätze im Warenausgang* sowie die Richtung *NIO* im Fehlerfall (siehe Abbildung 2.53). Im Falle eines *DEFAULT* soll eine HU ohne konkretes Ziel einfach eingelagert werden.

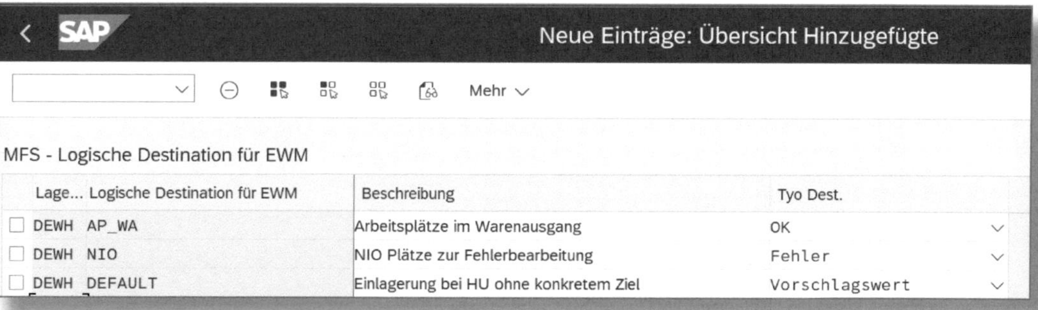

Abbildung 2.53: Logische Destinationen für SAP EWM

Als Nächstes definieren Sie die logischen Destinationen für die SPS. Das sind nun echte Endziele auf der Fördertechnik, die erreicht werden können – also NIO-Plätze, Arbeitsplätze, Einlagerbahnen o. Ä. – kurz, alle Orte, an denen die Fahrt einer HU enden kann.

Die Definition für unser Beispiellager sehen Sie in Abbildung 2.54.

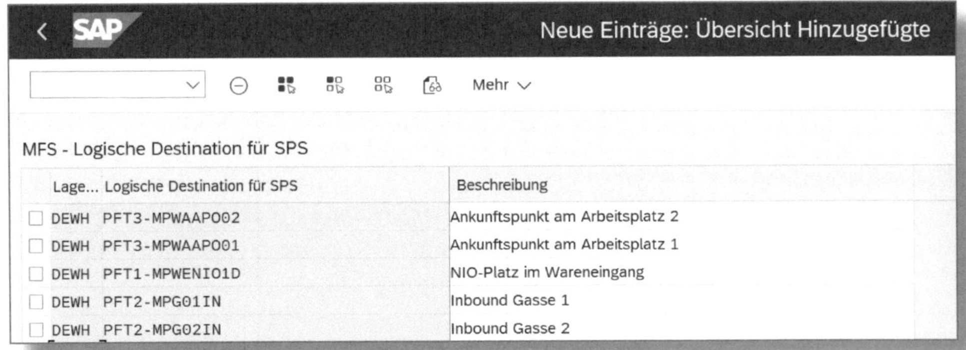

Neue Einträge: Übersicht Hinzugefügte

Mehr

MFS - Logische Destination für SPS

Lage...	Logische Destination für SPS	Beschreibung
DEWH	PFT3-MPWAAP002	Ankunftspunkt am Arbeitsplatz 2
DEWH	PFT3-MPWAAP001	Ankunftspunkt am Arbeitsplatz 1
DEWH	PFT1-MPWENIO1D	NIO-Platz im Wareneingang
DEWH	PFT2-MPG01IN	Inbound Gasse 1
DEWH	PFT2-MPG02IN	Inbound Gasse 2

Abbildung 2.54: Logische Destinationen für die SPS

Mithilfe dieser Grob- und Endziele wird nun das Routing aufgebaut.

Wie bei der Layoutorientierten Lagerungssteuerung gehen Sie hier nach dem Prinzip »A nach B über Z« vor.

Teilen Sie die Routingtabelle also auf in: **A**, **B** und **Z**. Abbildung 2.55 zeigt Ihnen am Beispiel des Wareneingangsbereichs, wie eine solche Aufteilung erfolgen kann.

Sicht "MFS - Routing für Behälterfördertechnik" ändern: Übersicht

Neue Einträge Mehr Anzeigen

MFS - Routing für Behälterfördertechnik

Lage...	SPS	Meldepunkt	Log. Dest. EWM	AktvBreich	Log. Dest. SPS	Dest.-SPS	Nach-Meldepunkt
DEWH	WE01	MPWENIO1		G001	PFT2-MPG01IN	WE01	MPWESC01
DEWH	WE01	MPWENIO1		G002	PFT2-MPG02IN	WE01	MPWESC01
DEWH	WE01	MPWENIO1	DEFAULT		PFT2-MPG01IN	WE01	MPWESC01
DEWH	WE01	MPWENIO1	NIO		PFT1-MPWENIO1D	WE01	MPWENIO1D
DEWH	WE01	MPWESC01		G001	PFT2-MPG01IN	WE01	MPWESC02
DEWH	WE01	MPWESC01		G002	PFT2-MPG02IN	WE01	MPWESC02
DEWH	WE01	MPWESC01	DEFAULT		PFT2-MPG01IN	WE01	MPWESC02
DEWH	WE01	MPWESC02		G001	PFT2-MPG01IN	G001	MPG01IN
DEWH	WE01	MPWESC02		G002	PFT2-MPG02IN	G002	MPG02IN
DEWH	WE01	MPWESC02	DEFAULT		PFT2-MPG01IN	G001	MPG01IN

Abbildung 2.55: Routingtabelle am Beispiel des Wareneingangs

Die folgenden Informationen gehören zu **A**, dem »Woher«:

- SPS des aktuellen Meldepunkts
- MELDEPUNKT, von dem aus die Routinganfrage gestellt wird

B, dem »Wohin«, sind folgende Felder zuzuordnen:

- logische Destination für SAP EWM (LOG. DEST. EWM)
- Aktivitätsbereich aus dem Lagerauftrag der HU (AKTVBREICH)

Wichtig zu wissen: Diese Informationen müssen nicht alle gefüllt werden. Es reicht aus, wenn dies bei einem der Zielfelder der Fall ist, um daraus eine Richtung ermitteln zu können.

Kommen wir zu **Z**, dem »Über«. Hier sind die nachstehenden Felder zugehörig:

- logische Destination für die SPS (LOG. DEST. SPS)
- Destination-SPS für die Buchung der HU (DEST.-SPS)
- NACH-MELDEPUNKT für die HU-Buchung

Mit dieser Aufteilung lässt sich nun ein Routing erstellen.

Es wurde ein *NIO*-Routing zum Endpunkt *PFT1-MPWENIO1D* definiert, außerdem ein *DEFAULT*-Routing zum Endpunkt *PFT2-MPG01IN*. Das bedeutet, dass Sie eine HU ohne konkretes Ziel immer in Richtung Gasse 1 schicken. Für den Rest wird der Aktivitätsbereich der Lageraufträge der HU genutzt, die jeweils eingelagert werden sollen.

2.7.3 Abweichungen im Standard-Customizing

Um die Grenzen zwischen dem Verhalten der Palettenfördertechnik und der Behälterfördertechnik besser ziehen zu können, wurde in Abschnitt 2.1.1 bereits der SPS-Modus angeführt und erläutert. Neben diesem gibt es jedoch zwei weitere wichtige Unterschiede im Standard-Customizing zum Materialfluss:

Der erste betrifft die Meldepunkte. Hier haben Sie bei der Einrichtung der Meldepunkte Kapazität, Ausnahmenhandling und Klärziele hinterlegt (siehe Abschnitt 2.1.3). Diese Einstellungen haben bei Behälterfördertechniken keine Auswirkungen.

Der zweite Unterschied liegt in den MFS-Queues. An dieser Stelle müssen Sie das Ausführungsumfeld ändern. Queues für Fahrzeuge, die im SPS-Modus für Behälterfördertechniken fahren, benötigen das Ausführungsumfeld »6 MFS; Bewegungsbuchung ohne Ressourcenmanagement«.

2.8 Sicherheitscheck

Beginnen Sie nun mit dem letzten Sicherheitscheck. Wir betrachten in diesem Zusammenhang noch einmal die sensiblen Punkte der Anlage, an denen Physik und SAP-Customizing aufeinandertreffen. Denn hier gilt es, einen Crash infolge falscher Daten oder Eingaben unter allen Umständen zu vermeiden.

Lassen Sie daher Ihr Customizing am besten von einer zweiten Person kontrollieren. Gehen Sie in jedem Fall jedoch kurz die wichtigen Punkte durch, und überprüfen Sie diese Schritt für Schritt in Ihrem System.

Starten Sie im Automatiklager:

- Sind die x- und y-Koordinaten an den Lagerplätzen richtig hinterlegt?
- Sind die Gassenlängen in den Queues vollständig zugeordnet?
- Sind die Fahrzeuge den richtigen Gassen zugewiesen?

Weiter geht es bei den Fahrzeugen:

- Sind die Kapazitätsgrenzen der LAM korrekt hinterlegt?
- Sind die Fahrzeuge mit dem richtigen Fahrzeugtyp und der korrekten Queue verknüpft?

Und zu guter Letzt die Förderstrecke:

- Sind die Kapazitätsgrenzen der Meldepunkte berücksichtigt?

- Stimmt die Zuordnung von Meldepunkten und Meldepunktgruppen?
- Sind Fördersegmente für die Meldepunktgruppen korrekt zugewiesen und konfiguriert?

Wenn Sie all diese Checkpunkte kontrolliert und abgehakt haben: Glückwunsch! Nun können Sie den ersten Fahrtest durchführen.

2.9 Fahrtest

Beginnen Sie damit, dass Sie die Kommunikationskanäle starten und erste Ping-Telegramme über die Schnittstellen senden. Dafür brauchen Sie den Lagerverwaltungsmonitor (LVM), den Sie über die Transaktion */SCWM/MON* aufrufen.

Hier gibt es einen Knoten nur für den Materialfluss, in seinem Umfeld werden Sie sich beim Betrieb des Materialflusssystems am häufigsten bewegen (siehe Abbildung 2.56).

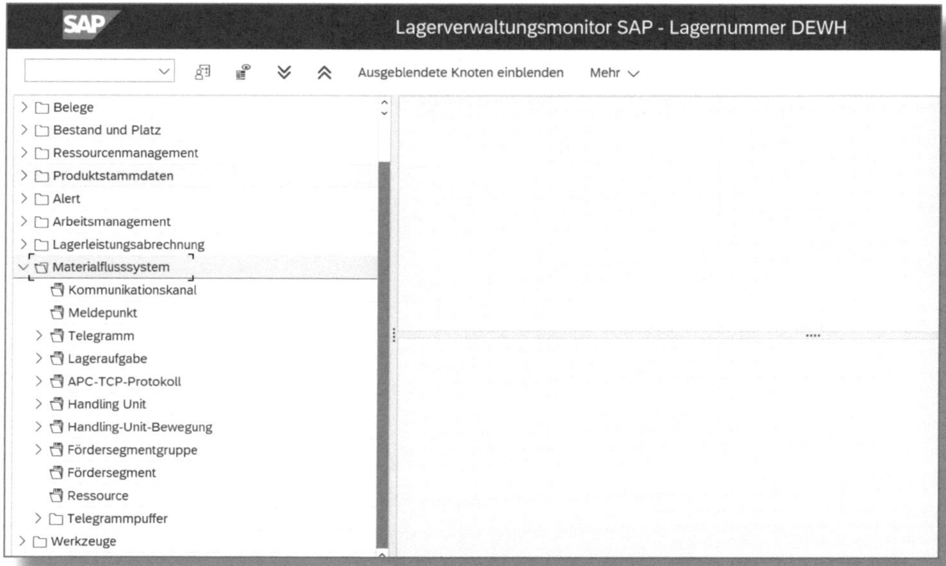

Abbildung 2.56: Übersicht Knoten Materialflusssystem

Beginnen Sie mit den Kommunikationskanälen. Wählen Sie den Knoten KOMMUNIKATIONSKANAL aus, und geben Sie keine Einschränkungen vor. Sie sehen nun eine Liste der von Ihnen eingerichteten Kommunikationskanäle. Tauchen alle Kanäle auf und werden korrekt angezeigt, war der erste Test erfolgreich.

Diejenigen, die eine Testanlage an ihr SAP-EWM-System angebunden haben, können nun über die Knotenfunktion einen beliebigen Kanal starten (siehe Abbildung 2.57).

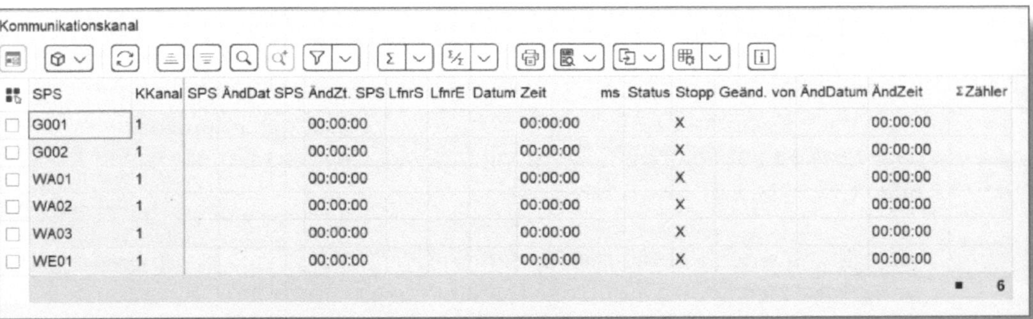

Kommunikationskanal

SPS	KKanal	SPS ÄndDat	SPS ÄndZt.	SPS LfnrS	LfnrE	Datum	Zeit	ms	Status	Stopp	Geänd. von	ÄndDatum	ÄndZeit	ΣZähler
G001	1		00:00:00				00:00:00			X			00:00:00	
G002	1		00:00:00				00:00:00			X			00:00:00	
WA01	1		00:00:00				00:00:00			X			00:00:00	
WA02	1		00:00:00				00:00:00			X			00:00:00	
WA03	1		00:00:00				00:00:00			X			00:00:00	
WE01	1		00:00:00				00:00:00			X			00:00:00	
													■	6

Abbildung 2.57: LVM-Kanal – starten oder stoppen

Wenn Sie den Button (Zusatzfunktionen) anklicken, erhalten Sie die Auswahlmöglichkeiten aus Abbildung 2.58. Hier können Sie *Kanal starten* wählen.

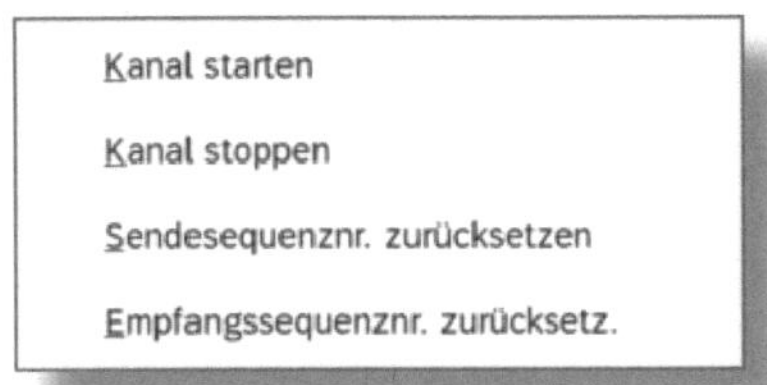

Abbildung 2.58: LVM-Kanal – Zusatzfunktionen

Der gestartete Kanal bekommt einen Änderungsstempel im Feld ÄNDDATUM; der User, der den Vorgang angestoßen hat, wird im Feld GEÄND. VON hinterlegt (siehe Abbildung 2.59). Das *X*-Kennzeichen im

Feld STOPP verschwindet, dafür erscheint im Feld STATUS ein *A* (Synchronisation wird durchgeführt) oder ein *B* (Synchronisation beendet).

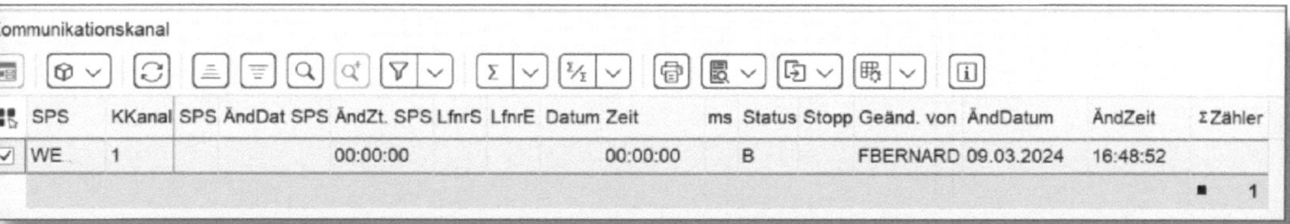

Abbildung 2.59: Anzeige eines gestarteten Kanals

Sie sollten nun die ersten Kommunikationsflüsse zwischen Ihnen und der Anlage sehen können.

Einmal gestartet, wird der Kommunikationskanal zu Ihrer Anlage aktiv offen gehalten, selbst bei Stillstand der physischen Komponenten findet Telegrammverkehr statt. Seien Sie davon also nicht überrascht.

Das Bordmittel hierfür sind Ping-Telegramme. Diese sehen z. B. wie folgt aus: `SAP1;G001;0;RE;PING`. Inhalte werden in diesen Fällen nicht ausgetauscht, es geht nur darum, dass über den Kanal überhaupt Nachrichten fließen.

Als Nächstes versuchen Sie eine Einlagerung und testen damit die Einstellungen der Layoutorientierten Lagerungssteuerung. Gehen Sie dafür an einen an die Fördertechnik angeschlossenen Arbeitsplatz, und lassen Sie eine darauf liegende HU ins Lager zurückfahren, z. B. über den Button »Zurücklagern«.

Eine Handling-Unit, die vom Wareneingangsarbeitsplatz ins Lager transportiert werden soll, würde laut Wegberechnung die in Abbildung 2.60 aufgeführten Lageraufgaben bekommen.

Entsprechen die Lageraufgaben dem von Ihnen festgelegten Customizing, war auch dieser Test erfolgreich.

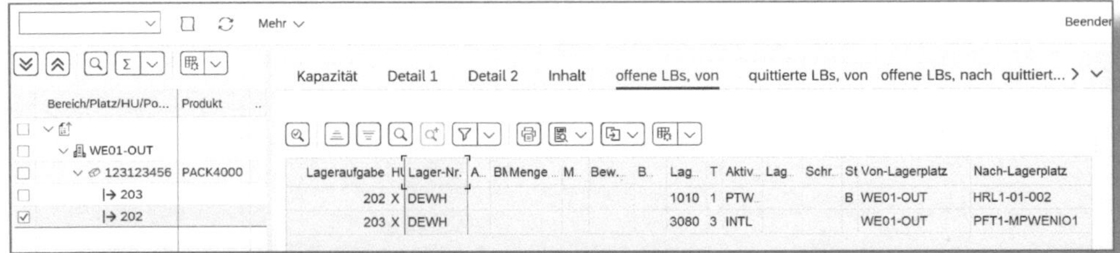

Abbildung 2.60: Lageraufgaben für Einlagerung

Versuchen Sie es im nächsten Schritt mit einer Auslagerung und der Queuezuordnung der Ressourcen. Legen Sie sich eine Lageraufgabe aus Ihrem Lager heraus an (siehe Abbildung 2.61).

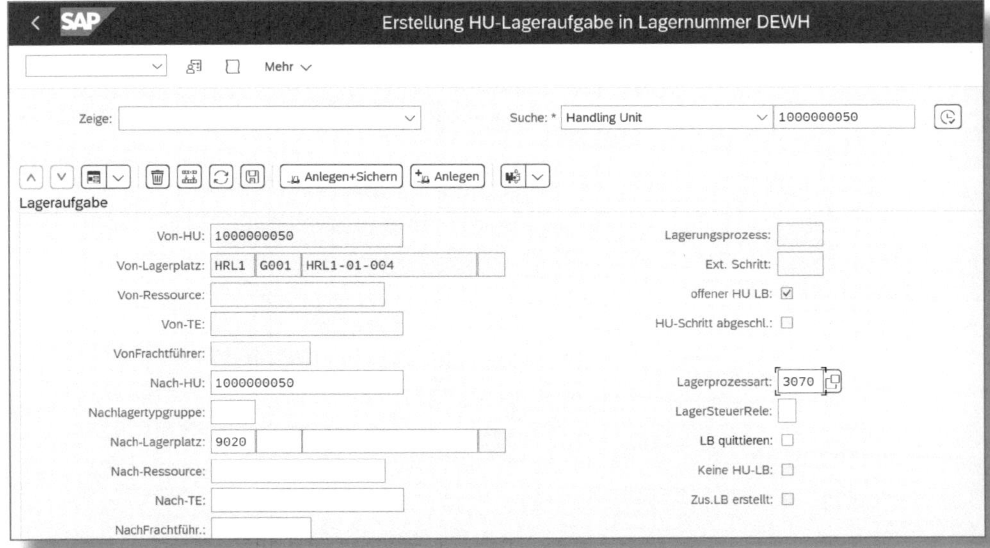

Abbildung 2.61: Lageraufgabe aus dem HRL1 anlegen

Auch hier legt die Layoutorientierte Lagerungssteuerung mehrere Belege an, die einem Lagerauftrag zugeordnet sind. Dieser Lagerauftrag sollte entsprechend der Queuefindung der MFS-Queue derjenigen Gasse zugeordnet werden, aus der ausgelagert werden soll. Der LVM aus Abbildung 2.62 zeigt die Queuezuordnung in den Feldern Q und LA-AKTB.

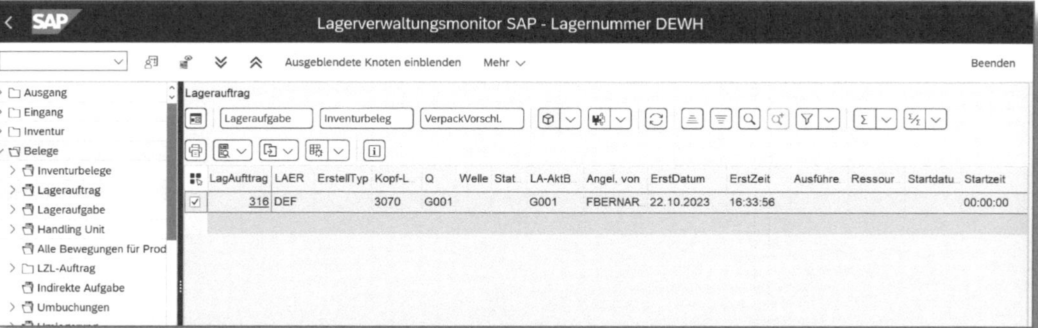

Abbildung 2.62: Queuezuordnung im Lagerauftrag

Wird bei Anlage des Auftrags die richtige Queue gefunden, können Sie auch diesen Punkt erfolgreich abhaken.

Nun wollen Sie natürlich wissen, ob die Lageraufgabe korrekt in einen Fahrauftrag für die Regalbediengeräte umgewandelt werden kann. Um das zu testen, kommt der Standardbaustein */SCWM/MFS_WT_DET* ins Spiel. Dieser ermittelt aus einer MFS-Queue den nächsten Fahrauftrag für eine Ressource. Sie können ihn testweise für unsere Queue mit den Parametern IV_LGNUM = »DEWH« und IV_QUEUE = »G001« aufrufen.

Bei erfolgreicher Ausführung wird aus der Lageraufgabe ein ausgehendes Telegramm zur HU generiert (siehe Abbildung 2.63).

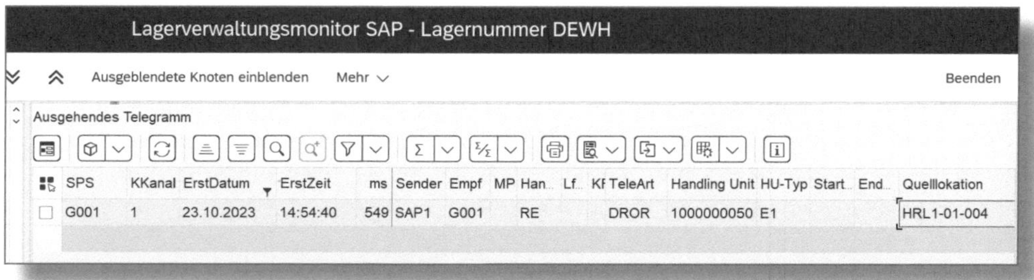

Abbildung 2.63: Telegrammausgangsqueue für einen Fahrauftrag

Fernerhin sehen Sie an der Ressource, dass sich in Abbildung 2.64 der Telegrammzähler (AKT.TEL.) der RESSOURCE *RBG1* im Vergleich zu *RBG2* um *1* erhöht hat; es gibt nun also einen gültigen Fahrauftrag.

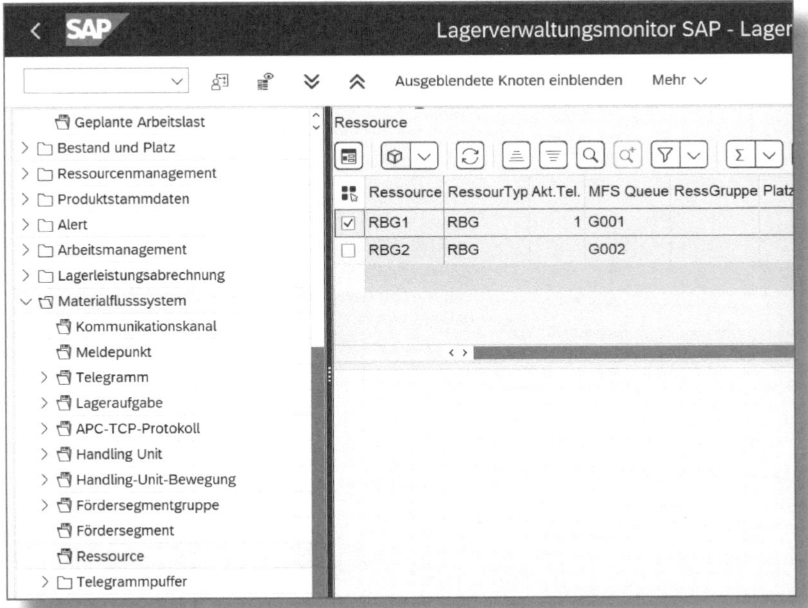

Abbildung 2.64: Ressource nach Erhalt eines Fahrauftrags

Springen wir abschließend noch einmal zurück zur Einlagerung. Während es in den letzten Fällen nur um ausgehende Telegramme ging, wollen wir an dieser Stelle die Eingangsseite prüfen. Eine HU muss den ersten Meldepunkt passieren, damit wir testen können, ob das korrekte Coding aus der MFS-Aktion aufgerufen wird.

Ist keine Anlage an Ihr System angeschlossen, können Sie den Telegrammverkehr von eingehenden Telegrammen auch simulieren. Dafür nutzen Sie den Baustein */SCWM/MFS_RECEIVE2*, dessen Funktionsweise in Abschnitt 3.2 im Detail erklärt wird.

Mit dem entsprechenden Aufruf und den Telegrammdaten können Sie den Baustein wie in Abbildung 2.65 im Testmodus ausführen.

Geben Sie dafür in den IMPORT-PARAMETERN IV_LGNUM, IV_PLC und IV_CHANNEL die Lagernummer, also *DEWH*, die SPS, nämlich *WE01*, und den Kanal *1* ein. Die Felder IV_IPADDRESS und IV_PORT können

Sie leer lassen; der Baustein braucht zur Zuordnung entweder SPS und Kanal oder IP-Adresse und Port – aber nicht beides.

Anschließend geben Sie im Feld IV_TELEGRAM den Telegramm-String ein. Wenn Sie sich diesen selbst zusammenbauen, achten Sie darauf, hier mit den entsprechenden Leerzeichen zu arbeiten, wie es auch in Abbildung 2.65 dargestellt wird.

Den Aufbau von Telegrammen erläutert Ihnen auch der Abschnitt 3.2.

Abbildung 2.65: Telegramm – Eingang simulieren

Damit Sie allerdings Ihren Test mit dem Simulieren eines Telegrammempfangs erfolgreich abschließen können, müssen Sie noch Einstellungen rund um das Thema Telegrammverkehr vornehmen. Wie dies genau geht und was zu berücksichtigen ist, finden Sie im nächsten Kapitel. Sind diese Einstellungen erfolgt, können Sie mit dieser Methode auch ohne eine angeschlossene Anlagensimulation Ihre MFS-Aktionen testen und verschiedene Telegramme simulieren.

Mit dem Auftauchen der Telegramme in den Telegrammqueues ist auch dieser Test Ihres Customizings erfolgreich, Ihre Anlage ist damit grundsätzlich funktionsfähig.

3 Telegrammverkehr: Aufbau, Empfang, Verarbeitung, Versendung

Dieses Kapitel bietet Ihnen einen tieferen Einblick in die Telegrammkommunikation mit SAP EWM. Wir bewegen uns hierbei in einem Feld, das sich allein aufgrund der Vielfalt der Anlagenanbieter und Anlagenlösungen nicht umstandslos standardisieren lässt. Aus diesem Grund lässt SAP in diesem Bereich zahlreiche Möglichkeiten für Eingriffe in die Logik offen, um größtmögliche Flexibilität zu bieten. Die folgenden Ausführungen steigen, um dem gerecht zu werden, noch tiefer als bisher in technische Definitionen des ABAP-Codings ein und erklären Ihnen Implementierungsoptionen für Programmierer.

In Abschnitt 2.1 wurden bestimmte Details des Customizings übersprungen. Diese Informationen werden Ihnen nun im Verlauf dieses Kapitels Stück für Stück nachgereicht, da Sie mit den entsprechenden Erklärungen den Ablauf besser verstehen werden.

3.1 Grundlagen Telegrammkommunikation

Zu Beginn dieses Abschnitts möchte ich Ihnen die Grundlagen der Telegrammkommunikation näherbringen.

Telegramme sind grundsätzlich keine synchrone Kommunikation und enthalten keine tiefen Strukturen oder komplexen Daten, wie z. B. IDocs. Auch werden sie ohne Header oder Description versendet, anders als man es beispielsweise von XML-Schnittstellen kennt.

Ein Telegramm ist ein einfacher String mit fester Struktur und Trennzeichen: klassisch ein Semikolon (;).

Ein Ping unseres Regalbediengeräts würde z. B. so aussehen:

- `SAP1;G001;0;RE;PING`

Welche Informationen beinhaltet dieser String? Wenn Sie ihn in seine einzelnen Felder aufsplitten und diese in Tabellenform anordnen, werden diese Informationen besser erkennbar (siehe Tabelle 3.1).

Beispiel	Inhaltsbeschreibung
SAP1	Sender
G001	Empfänger
0	Laufnummer
RE	Request oder Acknowledgment
PING	Telegrammart

Tabelle 3.1: Telegramminhalt in Tabellenform

Sender und Empfänger sind nun einfach verständlich; mit den Telegrammarten haben Sie sich bereits im Customizing beschäftigt.

Gehen wir also auf die neuen Informationen ein, vorneweg das Feld »Laufnummer«. Dahinter verbirgt sich eine einfache fortlaufende Nummer, mit der die Telegramme identifiziert werden.

Wie Sie sich sicher vorstellen können, laufen über den Tag verteilt von bestimmten Arten sehr viele Telegramme auf; bestes Beispiel sind die Füllstände von Meldepunkten oder Streckenabschnitten. Wie kann also die SPS sicherstellen, dass die Information eines spezifischen Telegramms auch wirklich vom SAP-EWM-System empfangen und verarbeitet wird? Oder ist die Kommunikation möglicherweise fehlgeschlagen und das Telegramm muss erneut gesendet werden? Es kann auch passieren, dass zwei Telegramme mit unterschiedlichen Werten in der Queue stehen und entschieden werden muss, welches zuerst verarbeitet werden soll.

In all diesen Fällen ist die Laufnummer relevant; sie gibt die Reihenfolge der Telegramme vor.

Eine SPS verwaltet ein bis x Elemente, alle unter demselben Channel und mit demselben fortlaufenden Laufnummernkreis. Die Elemente können parallel arbeiten und damit auch gleichzeitig Telegramme auslösen. Über die Laufnummern kann eine Empfangs- und Sendereihenfolge generiert werden.

Wie wird aber sichergestellt, dass eine Laufnummer empfangen und abgearbeitet wurde?

Dafür muss die Empfängerseite für jedes Telegramm eine Empfangsbestätigung an die SPS zurücksenden. Man spricht hier von einem *Acknowledgment*. Die Laufnummer dient dabei als eindeutiger Identifier. Eine SPS wird den Versand eines Telegramms mit einer bestimmten Laufnummer so oft wiederholen, bis sie ein Acknowledgment von SAP EWM erhält. Das bedeutet im Umkehrschluss, dass von der SPS kein neues Telegramm versendet werden kann, bis das vorherige bestätigt wurde.

SAP EWM verschickt also nach dem Empfang eines Telegramms als Erstes ein Acknowledgment.

Beachten Sie aber: Ein Acknowledgment ist keine Antwort, sondern nur eine Empfangsbestätigung. Eine Routinganfrage einer HU auf einem Meldepunkt löst daher zwei Telegramme von SAP EWM in Richtung SPS aus: erstens das Acknowledgment direkt nach Empfang, zweitens die eigentliche Antwort mit der Routingvorgabe. Beides erfolgt grundsätzlich separat.

Wie der Telegrammverkehr zwischen SAP EWM und SPS aussieht, veranschaulicht in einfacher Form die Abbildung 3.1.

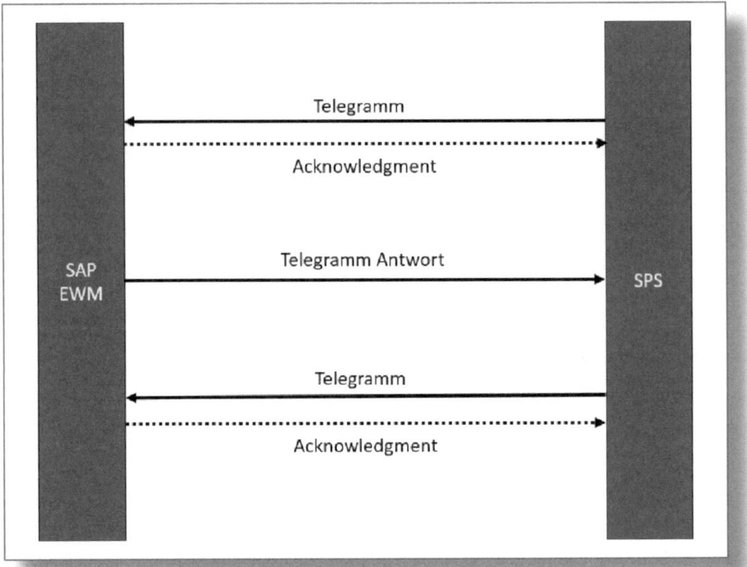

Abbildung 3.1: Schema Telegrammverkehr

Warum aber ist es so wichtig, dass der Empfang eines Telegramms vom SAP-System sofort bestätigt wird?

Nehmen wir an, ein Telegramm mit einer Routinganforderung legt eine Lageraufgabe für den Weitertransport zum nächsten Meldepunkt an. Dabei kommt es jedoch zu einem Fehler, weil beispielsweise eine Sperre auftritt. Die Verarbeitung wird abgebrochen und das Telegramm in den Puffer gestellt. Selbst bei schnellster Wiederholungsrate ist es unrealistisch, dass die nächste Verarbeitung in weniger als einer halben Sekunde startet.

Wenn das Telegramm allerdings bisher noch nicht bestätigt wurde, sendet die SPS es mit derselben Laufnummer im Zehntelsekundentakt an SAP EWM. Hier können also schnell 50 bis 60 Telegramme mit derselben Laufnummer empfangen werden.

Wenn Sie sich nun den Aufbau der SPS erneut ins Gedächtnis rufen, müssen Sie ebenfalls bedenken, dass eine SPS nicht nur ein Element, sondern x Elemente steuert. Keines von ihnen kann ein Telegramm versenden, solange der Empfang der aktuellen Laufnummer nicht bestätigt wurde. Für parallel arbeitende Fahrzeuge oder Fördertechnikelemente ist dies ein nicht zu handhabendes Szenario.

All dies soll Ihnen die Wichtigkeit des Acknowledgment veranschaulichen. Denn Geschwindigkeit bei der Telegrammverarbeitung ist ein äußerst wichtiger Punkt für die Performance Ihrer physikalischen Anlage. Bereiten Sie sich darauf vor, dass Ihr Anlagenautomatisierer hinsichtlich der Antwortzeiten auf Telegramme sehr strenge Ansprüche an Sie stellen wird.

Wenn Sie keine Vorabbeauftragung haben, ist bei Fahrzeugen die Rechenzeit in SAP EWM einfach nur Leerlaufzeit. Auf der Förderstrecke sieht es dagegen ganz anders aus: Ihre Anlage ist auf eine schnelle Antwort angewiesen.

Sieht sich Ihre HU einer Wegverzweigung gegenüber, an der sie entweder geradeaus fahren oder nach links oder rechts abbiegen kann, darf das Verschicken der Routinginformation nicht mehr Zeit in Anspruch nehmen, als die HU für die Fahrt vom Meldepunkt bis zur Wegverzweigung benötigt. Ihr Anlagenautomatisierer wird Ihnen also beispielsweise ein Zeitfenster von 0,5 Sekunden einräumen, bis die Antwort von SAP EWM bei der SPS eingetroffen sein muss.

Was passiert in diesen 0,5 Sekunden?

- Die SPS sendet ein Telegramm mit der Routinganfrage an SAP EWM.
- SAP EWM empfängt das Telegramm und bestätigt dies.
- SAP EWM berechnet das kommende Routingziel und schickt ein Telegramm mit dem nächsten Ziel an die SPS.
- Die SPS empfängt das Telegramm und verarbeitet die Information.
- Auf der Anlage findet der mechanische Umschaltvorgang statt, damit die HU in die gewünschte Richtung abbiegen kann.

Wie Sie sehen, muss während der Fahrzeit der HU sehr viel im Hintergrund passieren, weshalb die Abarbeitung in SAP absolut performancekritisch ist.

Aber neben den klassischen ABAP-Bordmitteln zur Performanceoptimierung stehen Ihnen auch auf der Kommunikationsschicht sehr viele Optionen zur Verfügung. Diese werde ich im nächsten Schritt erläutern.

3.2 Ablauf der Telegrammkommunikation

Noch bevor Ihr ABAP-Funktionsbaustein für die Abarbeitung eines Telegramms aufgerufen wird, können Sie bereits sehr viel unternehmen, damit dieser Vorgang möglichst schnell vonstatten geht. Zunächst wenden wir uns an dieser Stelle aber dem Ablauf und den damit verbundenen Einzelschritten zu.

3.2.1 Datenmodell

Betrachten wir also zunächst das Datenmodell der Telegrammabarbeitung. Es umfasst einerseits die Datenstruktur der einzelnen Telegramme und andererseits die Tabellen, in denen die Telegramme als Ganzes gespeichert und verarbeitet werden.

Beginnen wir mit den Telegrammen. Diese sind in eine Kopfstruktur und eine Telegrammstruktur aufgeteilt. Jedes Telegramm, das von SAP EWM verarbeitet werden soll, braucht eine Kopfstruktur. Sie enthält die Felder für die Kommunikation; dabei geht es um Informationen wie Sender, Empfänger, Laufnummer usw. SAP EWM nutzt dabei die fixe Struktur */SCWM/S_MFS_TELECORE*, die Sie beim Customizing der SPS in Abschnitt 2.1.1 kennengelernt haben und die auch in der Beispielstandardstruktur */SCWM/S_MFS_TELETOTAL* in Abschnitt 2.4 verwendet wird.

Kurz zur Erinnerung: Die Kopfstruktur wird auf der Ebene der SPS im Customizing definiert, die Gesamtstruktur auf derjenigen der Telegrammverarbeitung bei den Telegrammarten.

Was aber nun, wenn die Strukturen nicht zu den Kommunikationsvorgaben Ihres Anlagenautomatisierers passen? Das trifft sicherlich sehr oft zu und lässt sich in SAP gut lösen. Sie können in diesen Fällen kundeneigene Strukturen definieren. Achten Sie dabei jedoch strikt darauf, dass die Feldnamen denen der Standardstruktur entsprechen. In Abbildung 3.2 wurde mithilfe der Transaktion *SE11* in SAP Data Dictionary die Struktur */SCWM/S_MFS_TELECORE* in eine kundeneigene Struktur *ZEWM_S_MFS_TELE_HEAD* kopiert.

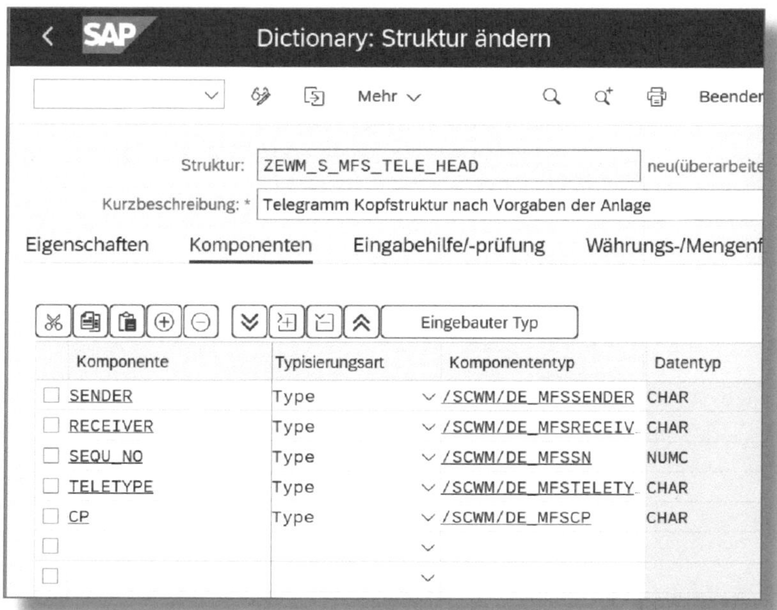

Abbildung 3.2: Definition einer Z-Struktur in der Transaktion »SE11«

Im Anschluss wurden Felder entfernt und die Reihenfolge angepasst. Die **Benennung** der Felder bleibt jedoch gleich. In Abbildung 3.3 sehen Sie die beiden Strukturen in der Transaktion *SE11* in zwei separaten Fenstern nebeneinandergelegt.

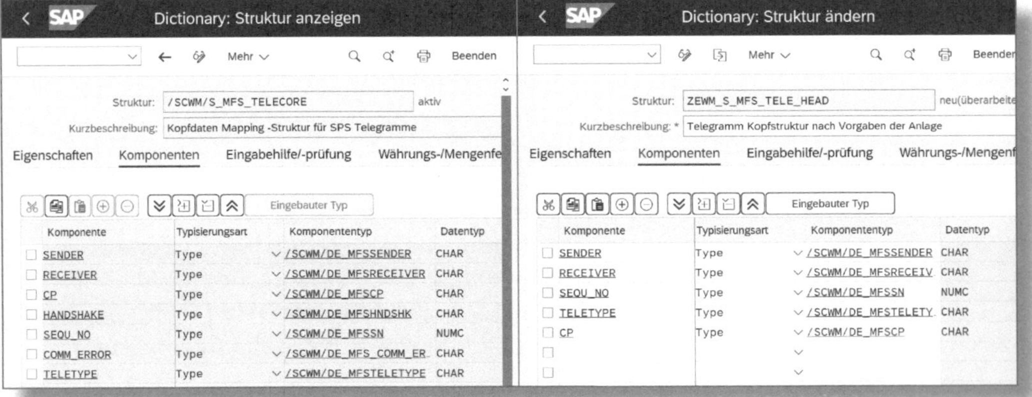

Abbildung 3.3: Vergleich von Standard- und Z-Struktur

Das gleiche Vorgehen können Sie auch bei der Telegrammstruktur einsetzen. Legen Sie sich je nach Telegrammart und Kommunikationsvorgaben für die Telegrammart eine Struktur an. Binden Sie Ihre Kopfstruktur ein, und übernehmen Sie die Felder, die Sie verwenden möchten, mit identischer Benennung aus dem Standard der Struktur */SCWM/S_MFS_TELETOTAL*.

Wenn beide Strukturen final aufgebaut sind, können Sie diese im Customizing hinterlegen.

Im einfachsten Fall reicht es, die Standardstruktur um die nicht benötigten Felder einzukürzen. Etwas komplizierter wird es im gegenteiligen Fall, wenn nämlich zusätzliche Felder gebraucht werden.

Infolge der Gegebenheiten ist es beim Telegrammverarbeitungsbaustein */SCWM/MFS_RECEIVE2*, den wir uns im Detail im Nachgang ansehen werden, **nicht** möglich, zusätzliche Felder in die Kopfstruktur aufzunehmen. Erst in der Telegrammstruktur können Sie ohne Schwierigkeiten solche abbilden.

Damit der Standard diese später sauber mappen kann, müssen Sie die neuen Felder zusätzlich in die Include-Struktur */SCWM/INCL_EEW_MFSTELE* der Telegrammverarbeitung aufnehmen. Das ist auch deshalb wichtig, weil diese EEW-Struktur von den Telegrammtabellen ebenfalls verwendet wird.

Für die spätere Verarbeitung der Telegramme werden die in der Tabelle 3.2 aufgelisteten Tabellen verwendet.

Tabelle	Beschreibung
/SCWM/MFSTELELOG	Telegramm-Logging-Tabelle
/SCWM/MFSTELEQ	Konvertiertes Telegramm für die Ausführung
/SCWM/MFSDELAY	Telegrammpuffer (zu versendende und noch nicht bestätigte)

Tabelle 3.2: Tabellen innerhalb der Telegrammabarbeitung

In diesen Tabellen sehen Sie Rohtelegramme bzw. konvertierte Telegramme, die Ihr SAP-EWM-System von der SPS empfängt und an sie zurücksendet.

Die Tabelle */SCWM/MFSTELELOG* enthält einen Daten-String, der derart von der SPS empfangen wurde – ein erster guter Überblick, um zu sehen, ob Sie überhaupt etwas empfangen haben und wenn ja, was.

Die Tabelle */SCWM/MFSTELEQ* beinhaltet das vollständig in die einzelnen Strukturfelder zerlegte und gemappte Telegramm. Es handelt sich dabei um die Datengrundlage zur Verarbeitung über die MFS-Aktionsbausteine.

Was genau beim Empfang eines Telegramms passiert, lässt sich am besten am Funktionsbaustein */SCWM/MFS_RECEIVE2* erklären. Dieser Baustein ist das zentrale Empfangstor für sämtliche Nachrichten Ihrer SPS. Er kann auch direkt von Anlagen oder einer Software, die zwischen die Anlage und SAP EWM geschaltet ist, aufgerufen werden. Es lohnt sich daher ein Blick auf seinen Aufbau und den Ablauf.

3.2.2 Erste Datenübergabe

Neben dem reinen Telegramm-String können dem Baustein */SCWM/MFS_RECEIVE2* beim Aufruf optional verschiedene Informationen mitgegeben werden. Dazu gehören:

- Lagernummer
- SPS

- Channelnummer
- IP-Adresse
- Port

Der Telegramm-String ist laut Funktionsbaustein ein Pflichtfeld, er ist angelegt mit einer Datenelementlänge von 4.096 Zeichen vom Typ »Char«: Das heißt, es gibt reichlich Platz für so gut wie alle Anwendungsfälle!

Allerdings sind die ersten Übergabeparameter keineswegs in Gänze optional. Vielmehr gibt es ein Entweder-oder: Um das Customizing zu ermitteln, das später zur Telegrammverarbeitung herangezogen werden soll, benötigt der Baustein entweder eine SPS inkl. Channel und Lagernummer oder aber IP-Adresse und Port müssen übergeben werden.

Nachdem die Übergaben alle auf ihre Richtigkeit geprüft worden sind, geht es weiter.

3.2.3 Formatierung, Konvertierung und Logging

Den nächsten Schritt übernehmen drei Funktionsbausteine:

- */SCWM/MFS_TELE_FORMAT*
- */SCWM/MFS_MOVE_STR2TELETOTAL*
- */SCWM/MFS_TELE_LOG*

Beginnen wir mit dem Baustein für die Formatierung: */SCWM/MFS_TELE_FORMAT*.

Manche Anlagenautomatisierer arbeiten mit Start- und Endzeichen, um sicherzustellen, dass ein Telegramm vollständig übertragen wurde. Andere verwenden hingegen Füllzeichen, die allerdings für die spätere Abarbeitung der Telegramme irrelevant sind.

All diese Optionen können Sie auf dem Customizing des Kanals einstellen, dies zeigt auch noch einmal Abbildung 3.4.

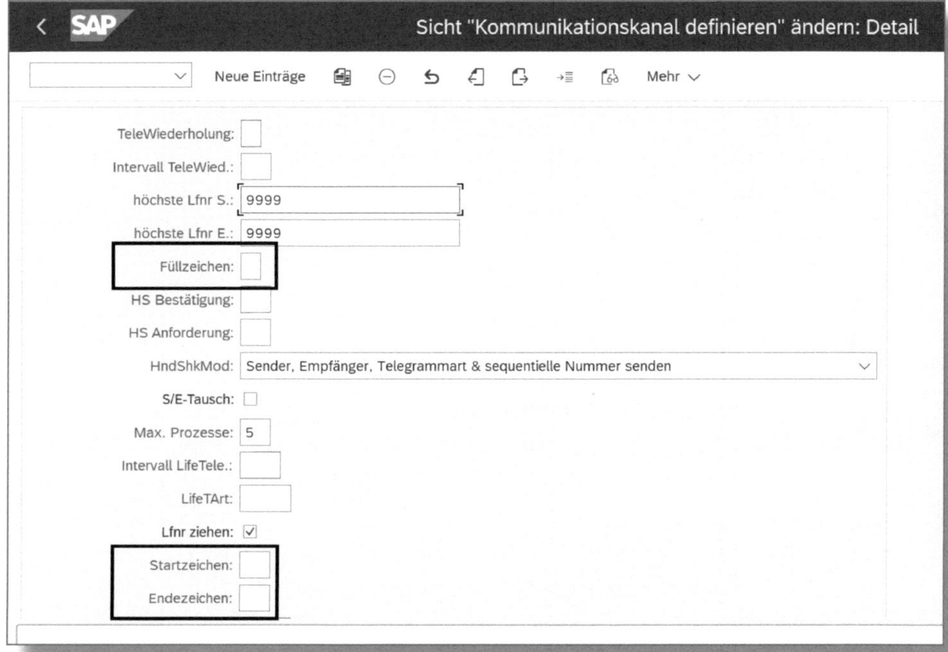

Abbildung 3.4: Formateinstellungen auf dem Kommunikationskanal

Ist hier nichts eingestellt, wird das Telegramm nicht weiter verändert, und es wird zum nächsten Schritt gesprungen.

An dieser Stelle übernimmt der Funktionsbaustein */SCWM/MFS_MOVE_STR2TELETOTAL*.

In Abschnitt 2.1.1 zum Customizing der SPS haben Sie die Kopfstruktur in Form einer im SAP Data Dictionary hinterlegten Struktur und in Abschnitt 2.4 die Telegrammstrukturen je Telegrammtyp angegeben. Das wird hier relevant. Denn der Baustein konvertiert die von der Schnittstelle übergebene rohe Datenstruktur in die im Customizing hinterlegte Struktur und teilt die im Telegramm enthaltenen Informationen auf die einzelnen Strukturfelder auf.

Waren diese Konvertierungen allesamt erfolgreich, durchlaufen eventuell übergebene HU-Nummern den Conversionsexit *CONVERSION_EXIT_HUID_INPUT*.

Kommen wir nun zum letzten Schritt: dem Logging.

Hier findet der Baustein */SCWM/MFS_TELE_LOG* Anwendung. Dies ist jedoch nur der Fall, wenn auf einer der folgenden drei Ebenen ein Logging aktiviert wurde:

- SPS
- Meldepunkt
- MFS-Aktion

Aktivieren Sie unbedingt das Logging

Aktivieren Sie das Logging, egal bei welcher SPS. Sie behandeln später in Abschnitt 5.3 das Thema Housekeeping und wie Sie Ihre Telegrammdaten regelmäßig aufräumen. An dieser Stelle gilt jedoch erst einmal dasselbe Prinzip wie bei Backups: »Better safe than sorry.«

Am einfachsten aktivieren Sie das Logging auf den Stammdaten der SPS. Den Weg dahin finden Sie wie in Abschnitt 2.6.2 beschrieben über die Transaktion */SCWM/MFS_PLC*. Hier ist das in Abbildung 3.5 markierte Kennzeichen im Feld PROTOKOLLIERUNG zu setzen.

Der Begriff »Protokollierung« bedeutet hier allerdings nicht, dass im Sinne eines Applikations- oder Systemlogs Daten gesichert werden. Vielmehr wird das gerade empfangene Telegramm im Rohzustand in der bereits zuvor erwähnten Logging-Tabelle */SCWM/MFSTELELOG* gesichert.

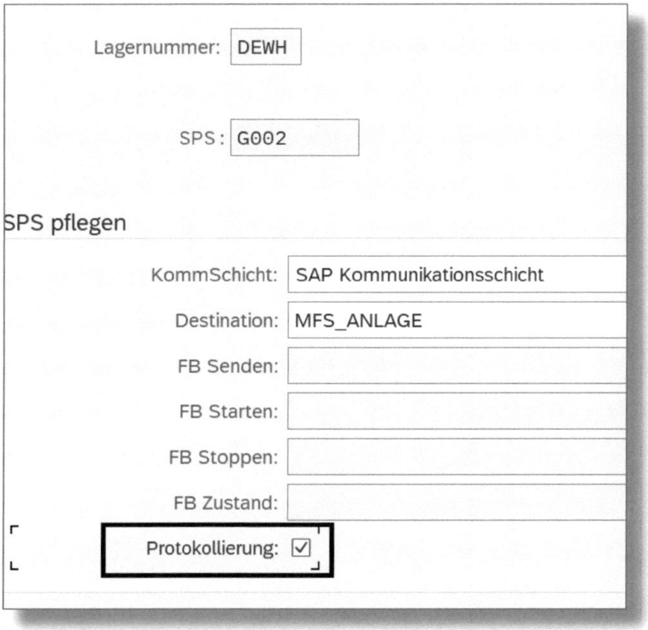

Abbildung 3.5: Protokollierung auf SPS-Ebene aktivieren

3.2.4 Checks und Manipulationen

Kommen wir nun zum ersten Punkt, an dem Sie selbst »Hand anlegen« können: zum empfangenen Telegramm.

Innerhalb des Funktionsbausteins gibt es mehrere mögliche BAdI-Implementierungen, die Sie bei Bedarf ausprogrammieren können. Die erste betrifft die Manipulation der empfangenen Telegrammdaten.

Sie können dafür die BAdI-Definition */SCWM/EX_MFS_TELE_RCV* nutzen und die Methode *tele_rcv* ausprogrammieren.

Schauen Sie sich dieses BAdI doch einmal etwas genauer an. Dahinter liegt das Interface */SCWM/IF_EX_MFS_TELE_RCV*; seine Schnittstelle enthält die aus Abbildung 3.6 ersichtlichen Parameter.

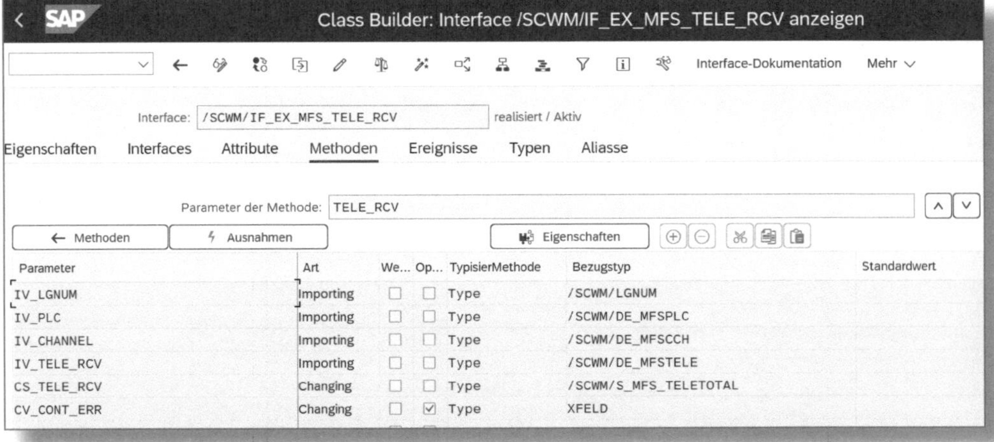

Abbildung 3.6: Parameterschnittstelle vom Interface »/SCWM/IF_EX_MFS_TELE_RCV«

Interessant sind hierbei vor allem die Parameter IV_TELE_RCV und CS_TELE_RCV.

Das Feld IV_TELE_RCV enthält den Rohtelegramm-String. An dieser Stelle können Sie sehen, was die SPS an SAP EWM gesendet hat, allerdings können Sie den String nicht selbst verändern. Im Gegensatz dazu können Sie in der Struktur CS_TELE_RCV alle Felder der Telegrammstruktur einzeln ändern, löschen oder Informationen hinzufügen.

Wann muss ein Telegramminhalt manipuliert werden?

Die Kommunikation zwischen der SPS und SAP EWM lässt sich nicht immer vereinheitlichen, in bestimmten Situationen werden beide einen »Dolmetscher« brauchen. Nehmen wir das Beispiel einer Ressource: In SAP EWM haben diese eindeutige Namen, wie »RBG1«, in der SPS ist das so nicht notwendig. Die SPS hat einfach nur das Fahrzeug »1« oder das Fahrzeug »2«, das verwaltet wird.

> Es schickt uns also diese Nummer. Damit jedoch die Findung der MFS-Aktion später funktioniert, muss hier eine Übersetzung stattfinden: aus SPS »G001« und Fahrzeugnummer »1« wird die Ressource »RBG1«.

Eine solche Manipulation kann schnell notwendig werden, weshalb wiederum die Protokollierung des Rohtelegramms dringend empfehlenswert ist. Es unterstützt Sie sehr bei späteren Fehlersuchen.

Das fertig manipulierte Telegramm wird anschließend einem Check unterzogen. Das erledigt der Baustein */SCWM/MFS_TELE_CHECK*. Zunächst werden die obligatorischen allgemeinen und syntaktischen Checks ausgeführt. Zu diesem Zweck müssen einige Einstellungen im Customizing vorgenommen werden, die wir noch nicht behandelt haben.

3.2.5 Laufnummernprüfung

Der erste und wichtigste Check ist die Laufnummernprüfung. Die Laufnummern werden in der Kommunikationskanaltabelle */SCWM/MFSCCH* hochgezählt.

Es gibt fünf Prüffälle:

- **FALL 1: LAUFNUMMER = »0«**

Für ein Life-Telegramm ist das in Ordnung; diese ziehen nicht unbedingt Nummern.

Für jede andere Telegrammart wird ein Reset der bestehenden Laufnummern ausgelöst, und der Kanal beginnt die Laufnummern von vorne zu zählen.

Die Telegrammart für ein Life-Telegramm (LIFETART) ist am Kommunikationskanal hinterlegt, was Sie auch der Abbildung 3.7 entnehmen können.

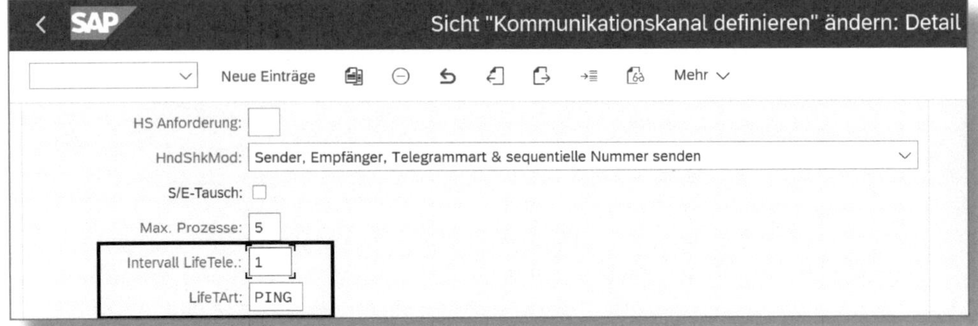

Abbildung 3.7: Customizing-Kanal für die Life-Telegramme

- **FALL 2: LAUFNUMMER = LAUFNUMMER AUF DEM KOMMUNIKATIONSKANAL**

Das Telegramm haben Sie bereits erhalten, es ist eine Wiederholung. Um die weitere Verarbeitung abzubrechen, wird ein Errorcode gesetzt, sodass eine parallele Bearbeitung des gleichen Telegramms unterbunden wird. Der Error löst aber keinen harten Abbruch o. Ä. aus – es wird einfach nicht weitergemacht.

- **FALL 3: LAUFNUMMER = »1«**

Dieser Fall ist denkbar einfach. Der Kanal hat das Ende seines Laufnummernranges erreicht und beginnt wieder von vorne. Das darf aber nur passieren, wenn die Laufnummer auf dem Kommunikationskanal zuvor resettet wurde, wie in Fall 1 beschrieben, oder wenn die letzte Laufnummer auf dem Kanal der maximal möglichen Laufnummer entspricht, die Sie im Customizing des Kommunikationskanals hinterlegt haben.

Ist das nicht der Fall, wird die Verarbeitung mit einer Exception abgebrochen.

- **FALL 4: LAUFNUMMER < LAUFNUMMER AM KOMMUNIKATIONSKANAL**

Nun haben Sie den zweiten echten Fehler, der die Verarbeitung mit einer Exception abbricht. Ein derartiges Telegramm muss fehlerhaft sein, und zwar unabhängig von seinem Inhalt. Sie haben bereits ein nachfolgendes Telegramm empfangen und verarbeitet. Sie können den Inhalt also nicht mehr verwenden, ohne eine falsche Reihenfolge bei der Informationsverarbeitung zu riskieren. Aus diesem Grund wird die Verarbeitung abgelehnt.

- **FALL 5: LAUFNUMMER AM KOMMUNIKATIONSKANAL = »0«**

Bekommen Sie ein Telegramm mit einer Laufnummer, aber die zuletzt empfangene, am Kommunikationskanal hinterlegte Laufnummer ist eine 0, lässt sich anhand der empfangenen Laufnummer nicht prüfen, ob es zu einem Fehler in der Reihenfolge der Telegrammverarbeitung gekommen ist. Die Zählung wurde resettet.

Sie können also keinen Grund ausmachen, die Verarbeitung abzulehnen. Den Vorbehalt, dass Sie die Laufnummer nicht prüfen können, geben Sie an die SPS in Form eines Fehlercodes zurück, verarbeiten das Telegramm aber weiter.

Zu Beginn des Abschnitts 3.1 wurde unter Zuhilfenahme der Abbildung 3.1 die Wichtigkeit eines vollständigen Handshakes und des Sendens von Acknowledgments erklärt. Ein sofortiger Abbruch der Verarbeitung des Bausteins mit einer Exception passt hiermit natürlich nicht zusammen.

Wird die Verarbeitung eines Telegramms vom SAP-System aus diversen Gründen abgelehnt, müssen Sie dies der SPS mitteilen, die eventuell für solche Fälle auch ein Fehlerhandling implementiert hat.

Was passiert nun also?

Sie beantworten das Telegramm mit einem Acknowledgment, das aber zugleich einen entsprechenden Errorcode übermittelt. SAP EWM nutzt zur Ermittlung von Errorcodes aus dem Customizing den Baustein */SCWM/MFS_EXCCODE_SET*, anschließend kommen die Bausteine */SCWM/MFS_TELE_ACK* für das Acknowledgment-Telegramm inkl. Errorcode sowie */SCWM/MFS_SEND* zum Versenden zum Einsatz.

In Abschnitt 2.5 wurde Ihnen gezeigt, wie Sie für diesen Fall ein umfangreiches Ausnahmenhandling aufbauen. Im letzten Schritt haben Sie Telegrammfehlern SPS-Fehlercodes zugeordnet.

Diese Fehlercodes werden von dem aktuellen Baustein geprüft und ausgelöst, sie müssen der SPS mit dem jeweiligen bekannten Fehlercode gemeldet werden.

3.2.6 Syntaktische und semantische Tests

Im nächsten Schritt folgen einige syntaktische Tests. Hierbei wird geprüft, ob die Gesamtlänge des Telegramms nicht die maximale Länge übersteigt, die Sie am Kommunikationskanal hinterlegt haben. Auch End- und Startzeichen werden getestet.

Zuletzt ist es noch möglich, dass beim Mappen des Rohtelegramms in die SAP-Struktur Feldkonvertierungen nicht funktioniert haben, so z. B. die Übergabe von zeichenartigen Informationen in einem Gewichtsfeld. Hier wird nur ein kurzer Fehlercode gesetzt.

Die SAP-Verarbeitung bietet an, solche Fehler mit einer BAdI-Implementierung zu korrigieren. Ist dies nicht erfolgt und das Feld mit dem Fehlercode immer noch existent, wird ein Errorcode an die SPS zurückgespielt und die Verarbeitung abgebrochen.

Nach dem Check der Laufnummern und den syntaktischen Checks können optional noch semantische Prüfungen aktiviert werden. Dafür muss am Kommunikationskanal das Kennzeichen Tele überprüfen: ☑ gesetzt sein.

Ist diese Funktion für Ihren Kommunikationskanal aktiviert, testet der Funktionsbaustein auch einzelne Telegramminhalte. Dabei werden Sender- und Empfängerinformationen innerhalb des Telegramms daraufhin geprüft, ob diese valide sind.

Sie haben nun einen Überblick über alle Prüfungen erhalten, denen das Telegramm standhalten muss. Damit Sie mit entsprechenden Errorcodes reagieren können, welche die SPS auch versteht, finden Sie in Tabelle 3.3 nochmals eine vollständige Liste der Fehlerfälle.

Technischer Wert	Beschreibung	Verarbeitungs-abbruch?
A	Falsche oder fehlende Startsequenz	Ja
B	Falsche oder fehlende Endsequenz	Ja
C	Falsche Länge	Ja
D	Falsche Sequenznummer	Ja
E	Unbekannter Empfänger	Ja
F	Unbekannter Sender	Ja
G	Sequenznummer wiederholt	Nein
H	Sequenznummer nicht prüfbar	Nein
I	Falscher Telegramminhalt	Ja

Tabelle 3.3: Fehlerfälle mit Folgeaktionen

Bevor wir zum Mapping weitergehen, gilt es, die Möglichkeit einer BAdI-Implementierung zu erwähnen.

Wenn Sie die Prüfungen der SAP-Verarbeitung übersteuern möchten und Telegramme zur Verarbeitung zulassen wollen, die von SAP EWM eigentlich abgelehnt wurden, steht Ihnen die Implementierung der BAdI-Definition */SCWM/EX_MFS_TELE_CHECK_MAP* mit der Methode *tele_check_map* zur Verfügung. Damit können Sie die Verarbeitung von mit Fehlercodes versehenen Telegrammen fortsetzen lassen.

3.2.7 Mapping bzw. Meldepunktbestimmung und Acknowledgment

Im Anschluss an die Checks und Manipulationen beginnt die Telegrammverarbeitung mit dem Mapping der SPS-Objekte gegen SAP-EWM-Objekte. Leider lassen sich nicht immer alle Benennungen auf SAP-EWM- und SPS-Ebene vereinheitlichen.

Mit der BAdI-Definition */SCWM/EX_MFS_TELE_RCV* ist es möglich, Informationen aus den Telegrammen zu ermitteln, die von der SPS in gänzlich anderer Form übergeben wurden.

Objekte, die nur andere Benennungen haben, können mithilfe einer Mappingtabelle zwischen der SPS-Bezeichnung und der SAP-EWM-Benennung gemappt werden.

Um das Mapping für eine SPS zu aktivieren, setzen Sie in deren Customizing das Kennzeichen Mapping: ☑.

Für die Definition des Mappings steht Ihnen dann die Transaktion */SCWM/MFS_OBJMAP* zur Verfügung. Hier können jedoch nur folgende Objekte gemappt werden:

- Lagerplatz
- Ressource
- Fördertechniksegment
- Fördertechniksegmentgruppe
- Meldepunkt

Gerade für Lagerplätze kann dieses Mapping sehr nützlich sein. Die SPS operiert mit x- und y-Koordinaten, während in SAP EWM die Hauptbezugspunkte Gasse, Seite, Stack und Level sind.

Damit Sie aber nicht in Ihrem gesamten Lager jeden einzelnen Lagerplatz mappen müssen, gibt es noch eine Transaktion, die diese Daten für Sie generiert: */SCWM/MFS_GEN_PLCOBJ*.

Reicht das alles noch nicht, ist es auch denkbar, über ein BAdI in diese Verarbeitung einzugreifen. Hierfür implementieren Sie die Methode *plc2emwob* in der BAdI-Definition */SCWM/EX_MFS_TELE_PLC2EWMOB*.

Die Verarbeitung steht nun kurz vor dem Versenden des Acknowledgment. In diesen letzten Zügen wird die aktuelle Laufnummer auf den Kanal geschrieben.

Life-Telegramme und Sync-Telegramme benötigen an dieser Stelle keine weitere Verarbeitung mehr.

Für alle regulären Telegramme geht es dagegen bei der Ermittlung der MFS-Aktion weiter, die im Customizing für sie hinterlegt wurde.

Eine der Grundvoraussetzungen für die Verarbeitung ist ein Meldepunkt oder eine Ressource. Wenn Sie von Ihrer SPS-Telegramme erhalten, die nicht von einem Meldepunkt kommen, können Sie diese mit der BAdI-Implementierung */SCWM/EX_MFS_TELE_DET_CP* gegen einen virtuellen oder anderen bestehenden Meldepunkt mappen.

Hat das Telegramm alle zuvor aufgeführten Checks und Mappings durchlaufen und ist nun bereit für die Verarbeitung, wird es in diesem Zustand in der Tabelle */SCWM/MFSTELEQ* gespeichert. Die weitere Verarbeitung basiert auf dem Inhalt dieser Tabelle; auch das nun versendete Acknowledgment baut darauf auf.

SAP stellt ferner noch zwei BAdI-Definitionen bereit, um in die Verarbeitung eingreifen und eventuelle Anlagenspezifika abbilden zu können:

- Besonderheiten zum Thema Acknowledgment werden in der BAdI-Definition */SCWM/EX_MFS_TELE_ACK* abgebildet.
- Kommunikationsfehler beim Antworten werden in der BAdI-Definition */SCWM/EX_MFS_TELE_ERROR_MAP* noch einmal ausführlicher verarbeitet.

3.2.8 Telegrammverarbeitung

An die SPS ist rückgemeldet, dass Sie das Telegramm erhalten und akzeptiert haben und mit der Beantwortung beginnen. Das entsprechende Telegramm steht in der Tabelle */SCWM/MFSTELEQ*.

Die Verarbeitung startet mit dem Aufruf des Bausteins */SCWM/MFS_PROCESS_TELE_Q*. Bevor die Ausführung der MFS-Aktion in Gang gesetzt wird, sperrt der Baustein verschiedene Objekte: erstens das Telegramm, um bei Wiederholungen eine parallele Verarbeitung zu verhindern; zweitens das Objekt, das zur Ermittlung der MFS-Aktion benötigt wird – das ist entweder die Ressource oder der jeweilige Meldepunkt. Bezieht sich das Telegramm auf eine HU, wird diese auch gelockt. Dafür verwendet der Standard die in Tabelle 3.4 aufgelisteten Sperrobjekte.

Sperrobjekt	Beschreibung
/SCWM/EMFSTELEQ	Schreibsperre für einen Eintrag der TELEQ
/SCWM/EHU	Schreibsperre für eine HU
/SCWM/EMFSTELE_O	Exklusive Schreibsperre für die TELEQ auf Kanal und Objekt
/SCWM/EMFSPTELEQ	Lesesperre für die Anzahl der Workprozesse mit Verarbeitungen

Tabelle 3.4: Sperrobjekte bei der Telegrammverarbeitung

Im Anschluss ermittelt der Baustein */SCWM/MFS_DET_ACTIONFM* die MFS-Aktion und führt sie aus.

Wie bereits in Abschnitt 2.4 unter dem Thema Aktionshandling beschrieben, wird zuerst der synchrone Baustein ausgeführt, der unter der MFS-Aktion hinterlegt ist. Danach wird, sofern die Verarbeitung des synchronen Bausteins erfolgreich war, der asynchrone Baustein ausgeführt – darauf wird jedoch nicht gewartet.

Der Status des Telegramms wird, egal, was bei der Ausführung des asynchronen Bausteins passiert, im nächsten Schritt auf »erfolgreich ausgeführt« gestellt, die zuvor gesetzten Sperren werden wieder gelöst.

Innerhalb der Verarbeitung gibt es keine BAdIs oder sonstigen Möglichkeiten, in den Standard einzugreifen. Zum Abschluss der Verarbeitung wird das Applikationslog weggeschrieben.

3.3 Eingangsschnittstellen, Telegrammpuffer, Logging

Um Ihren Telegrammverkehr zu überwachen, bietet Ihnen der LVM im in Abbildung 3.8 angezeigten Baum MATERIALFLUSSSYSTEM zwei Menüpunkte mit einzelnen Tools an: TELEGRAMM und TELEGRAMMPUFFER.

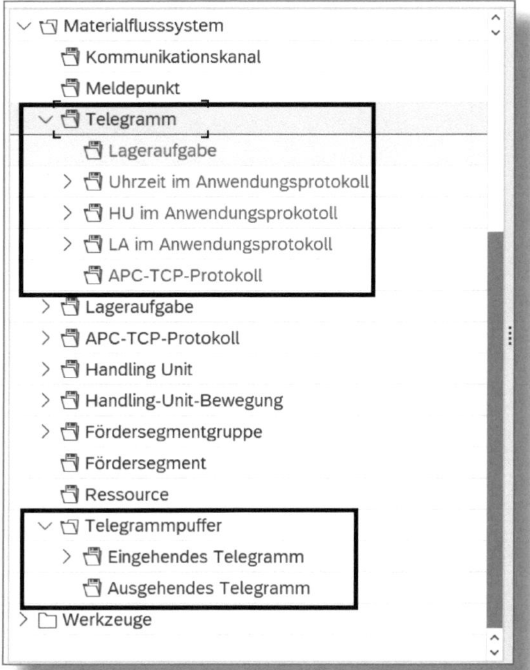

Abbildung 3.8: LVM-Baumstruktur für Telegramme

Im Menüpunkt TELEGRAMM lassen sich die empfangenen und gesendeten Telegramme einsehen und auswerten. Wenn Sie dieses also für den Telegrammverkehr einer einzelnen Ressource, eines Meldepunkts oder einer HU durchführen wollen, können Sie hier SPS-übergreifend Telegramme auswerten und die Wege von Objekten verfolgen. Sie können ferner wählen, welches Telegramm Sie anzeigen lassen möchten. Da Sie sehr viele Telegramme empfangen werden, ist es wichtig, hier die Datenmenge entsprechend einzuschränken. Die in Abbildung 3.9 dargestellte Eingabemaske aus dem LVM zeigt Ihnen, welche Selektionsmöglichkeiten Sie bei der Suche und Auswertung von Telegrammen haben.

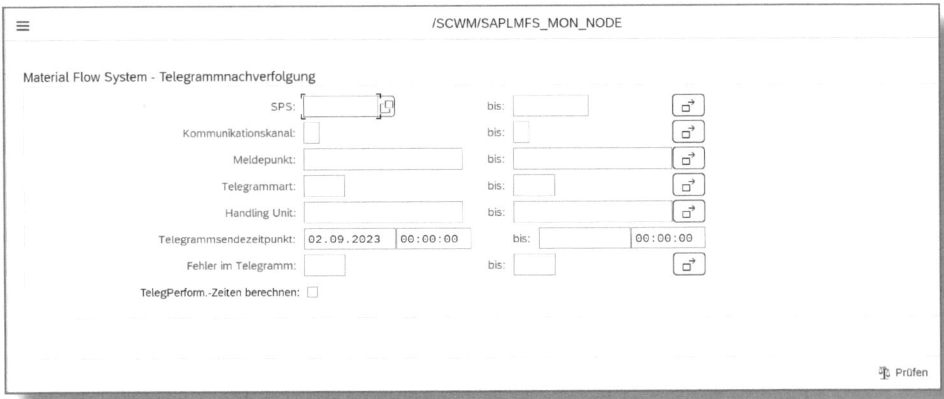

Abbildung 3.9: Eingabemaske zur Telegrammauswertung

Es besteht die Möglichkeit, auf eine einzelne SPS, einen MELDEPUNKT oder einen KOMMUNIKATIONSKANAL einzuschränken. Es lässt sich aber auch objektübergreifend nach Inhalten von Telegrammen wie TELEGRAMMART, HANDLING UNIT oder FEHLER IM TELEGRAMM suchen. Auf diese Weise können Sie sich einen Überblick über Ihren Telegrammverkehr verschaffen und verschiedene Auswertungen durchführen.

Dabei ist unerheblich, ob die Verarbeitung des Telegramms gerade passiert, das Telegramm noch im Puffer hängt oder bereits vor Stunden abgearbeitet wurde.

Wenn Sie sich jedoch auf die aktuellen Geschehnisse konzentrieren wollen, ist der Menüpunkt TELEGRAMMPUFFER aus Abbildung 3.8 das Mittel der Wahl.

Hier haben Sie einen Überblick über

- eingehende und ausgehende Telegramme
- erfolgte oder noch ausstehende Handshakes
- Fehlercodes
- Anzahl der Wiederholungen

☛ Monitoring der Telegrammpuffer

Bauen Sie die Telegrammpuffer zukünftig in Ihre Monitoringroutinen ein. Sie sollten die Puffer regelmäßig kontrollieren, um Fehlerfälle, die sich nicht von selbst lösen, möglichst schnell beheben zu können. Auch ist es empfehlenswert, vor Wartungen oder Transporten zu prüfen, ob die Puffer leer sind. Hier verstecken sich gerne Ausführungen, die während Wartungs- oder Releasetätigkeiten Dumps verursachen oder diese anderweitig stören können.

Wenden wir uns nun dem Logging zu. Während der Verarbeitung Ihres Aktionsbausteins sind Sie frei, was das Logging betrifft. Das Logging-Objekt, das die Telegrammverarbeitung verwendet, wird nicht an den Baustein übergeben. Wenn Sie also für Fehleranalysen das Applikationslog heranziehen wollen, müssen Sie die Verarbeitung des Standards separat von Ihrem eigenen Logging auswerten.

Teile der Standardverarbeitung schreiben ihre Fortschritte und Fehler auch in das Applikationslog. Dies ist z. B. beim Baustein */SCWM/MFS_PROCESS_TELE_Q* der Fall, dessen Verarbeitungen Sie mit Objekt */SCWM/WME* und Subobjekt *MFS* verfolgen können.

☛ Usermanagement für die SPS

Oftmals lassen sich die Verarbeitungen auf der Telegrammebene nur schwer unterscheiden und differenzieren. Gerade im Logging kann nur beschränkt nach SPS eingegrenzt werden, weil diese als Entscheidungskriterium häufig nicht zur Verfügung steht. Um Ihnen das Leben leichter zu machen, ist es zu empfehlen, die Aufrufe der Kanäle und der SPS auf verschiedene RFC-User aufzuteilen und nicht alles unter demselben User laufen zu lassen. Sie können z. B. die SPS-Kennung in die Userbenennung einfließen lassen und später im Applikationslog danach filtern.

4 Störungsmanagement und Alerts

Für den reibungslosen Betrieb Ihrer Anlage ist ein gutes Störungsmanagement unerlässlich. Denn egal, wie lange Ihre Anlage bereits in Betrieb ist, Sie werden tagtäglich mit Fehlern zu kämpfen haben – auch noch lange nach dem Ende des Hochlaufs.

Die Fehler, die Ihnen dabei begegnen, sind vielfältig. Es wird menschliches Versagen geben, technische Fehler, Ausfälle von Fahrzeugen und Anlagenteilen durch Verschleiß oder technische Störungen.

Ihr SAP EWM muss daher darauf ausgelegt werden, Fehler möglichst schnell und ohne große Auswirkungen abzufangen und die Quelle der Störung, wenn notwendig, zu beseitigen. Deshalb beschäftigen wir uns im Folgenden mit den Bordmitteln, die Ihnen dafür in SAP EWM zur Verfügung stehen.

4.1 Störungsmanagement mit Ausnahmen

Wir haben uns bereits beim Telegrammhandling und beim Customizing eingehend mit dem Thema Ausnahmen beschäftigt. Jedoch waren das meist nur die einfachen Fälle, sprich Ausnahmen, die dokumentiert bzw. den Kollegen von der Anlagenüberwachung übermittelt werden mussten.

Mit den Ausnahmen gibt uns SAP EWM jedoch einen nicht gerade kleinen Baukasten an die Hand, mit dem Sie das Fehlerhandling auf Ihrer Anlage gut abbilden können.

Bei der Grundkonfiguration von Ausnahmen liefert uns SAP zahlreiche Beispiele, die gut als Kopiervorlage genutzt werden können. Da die Ausnahmen keine Besonderheit des Materialflusses sind, beschäftigen wir uns an dieser Stelle nicht mit der grundlegenden Einrichtung. Vielmehr geht es um die Verwendung der Ausnahmen und der dahinterstehenden Folgeaktionen in Form von *Prozesscodes*. Denn diese regeln die Folgeaktionen, wenn Sie auf Basis einer Ausnahme entsprechend auf einen Fehler reagieren möchten.

Da es eine schier unendliche Anzahl möglicher Fehlersituationen auf Ihrer Anlage gibt, müssen Sie sich von vornherein bewusst machen, dass nicht jede von ihnen perfekt abgefangen werden kann. Es braucht eine gute Balance, wann das System selbst repariert und wann ein Mensch eingreifen muss.

4.1.1 Logging aktivieren

Für ein effektives Fehlerhandling benötigt man eine gute Dokumentation, die Auskunft darüber gibt, was genau in welcher Situation das Problem war. In SAP EWM ist es gelebter Standard, das Logging je Subobjekt zu aktivieren. Damit auch bei der Telegrammverarbeitung und generell im MFS-Umfeld Logging zur Verfügung steht, muss dieses also aktiv gesetzt werden. Oftmals liefert dieses Logging den einzigen Anhaltspunkt, warum sich die Förderanlage in einem konkreten Fall für ein bestimmtes Vorgehen entschieden hat.

Verwendet wird hierbei vor allem das Unterobjekt *MFS*, das dem Objekt */SCWM/WME* zugehörig ist. Zusätzlich gibt es noch das Unterobjekt *MFS_RBD*. Dieses ist bei der Grobnachplatzermittlung aktiv, die bei Behälterfördertechniken relevant ist.

Das Sichern der Nachrichten im Applikationslog lässt sich über die Transaktion *SM30* in der View */SCWM/V_LOG_ACT* pflegen. Hinterlegen Sie einen neuen Eintrag für die Lagernummer (siehe Abbildung 4.1).

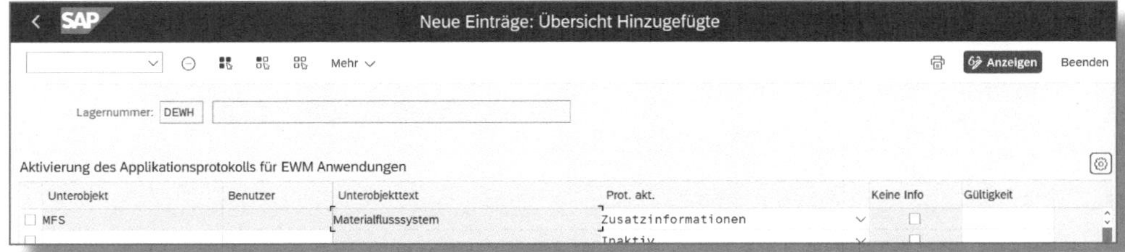

Abbildung 4.1: Logging-Aktivierung über die View »/SCWM/V_LOG_ACT«

Von nun an können Sie die während der Telegrammverarbeitung geschriebenen Logging-Nachrichten über die Transaktion *SLG1* abrufen.

4.1.2 Mögliche Reaktionen

Treten Fehler auf der Anlage auf, können Sie auf unterschiedlichste Weise reagieren. Welche Reaktionen und Vorgehen Sie in welchem Kontext anwenden, ist fallspezifisch und oft sehr verschieden.

Die erste Frage, die Sie sich in einem Fehlerfall stellen müssen, ist immer: Muss eine HU aus dem Weg geschafft werden, weil es sonst zum Stillstand oder Schaden kommt?

Ein Fahrzeug mit einem Fehlercode für eine fehlerhafte Laufnummer ist etwas anderes als eine HU mit Übergewicht. Das Fahrzeug kann das Telegramm ablehnen und anschließend weitermachen. Die HU müssen Sie aktiv aus dem Weg räumen. Es sind also z. B. die Änderung der aktuellen Lageraufgabe und eine Umleitung auf den nächsten NIO-Platz nötig, wo die Bearbeitung durch geschulte Mitarbeiter erfolgt, die vom System die Fehlermeldungen angezeigt bekommen. Nicht jeder Fehler ist auf Anhieb ersichtlich.

☛ NIO-Plätze

Kümmern Sie sich bereits in Ihrer Planung um strategisch platzierte NIO-Plätze und deren Ausstattung! Stellen Sie beispielsweise sicher, dass Ihre Mitarbeiter dort über einen Laptop oder Client-Zugang zum SAP-EWM-System haben. Abhängig von den Fehlermengen können sich auch irgendwann Scanner, Drucker oder weiteres Equipment lohnen. Sind diese Fehler eher selten, kann es sinnvoll sein, die NIO-Plätze nicht dauerhaft zu besetzen, sondern mehrere Plätze durch Springer abarbeiten zu lassen.

Viele dieser Reaktionen können unter der jeweiligen Ausnahme im Customizing hinterlegt werden, nämlich in Form der erwähnten Prozesscodes. Diese werden je nach Fall in Gestalt eines Anwendungsschritts gezogen. Welcher Prozesscode in welchem Fall notwendig ist, bestimmt der Business-Kontext.

4.1.3 Business-Kontext beachten

Je nach Einsatz der verwendeten Fördertechnik oder je nach Objekt, für das die Ausnahme gelten soll, kann ein Anwendungsschritt für einen Business-Kontext definiert werden.

Für ein MFS stehen dabei folgende Business-Kontexte zur Verfügung:

- MFS – Materialflusssystem
- MF1 – Kommunikationskanal
- MF2 – Transportsegment/-gruppe
- MF3 – Telegramm
- MF4 – Ressource
- MF5 – Kommunikationspunkt
- MF6 – Telegramm für Behälterfördertechnik

Machen Sie sich also Gedanken, in welchem Kontext Ihre jeweilige Ausnahme eingesetzt werden soll.

So brauchen z. B. alle Ausnahmen, die Sie in Abschnitt 2.5 für die Kommunikationsfehler definiert haben, immer den Kontext MF3 für Telegramme und zusätzlich MF6, wenn sie eine Behälterfördertechnik verwenden.

Ein gutes Beispiel ist die Ausnahme MBLK (»Betriebsmittel gesperrt (langfr.)«). Diese kann, wie in Abbildung 4.2 zu sehen, im Kontext von Meldepunkten (hier im Speziellen auch Kommunikationspunkte genannt), Ressourcen und Segmentgruppen zum Einsatz kommen.

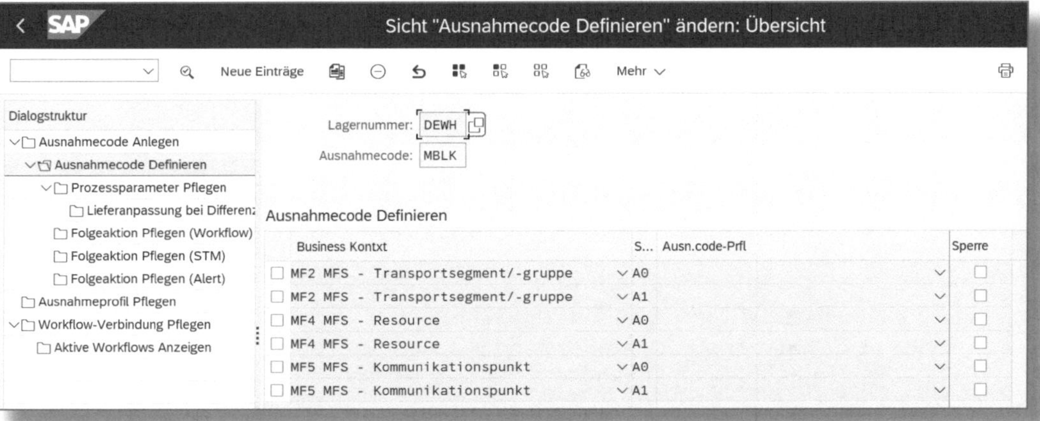

Abbildung 4.2: Mehrere Business-Kontexte pro Ausnahmecode

Je Kontext definieren Sie Anwendungsschritte und hinterlegen je nach Bedarf dieselben oder unterschiedliche Prozesscodes.

4.2 Ausnahmen- und Alerthandling

Nehmen wir das klassische Beispiel des Konturenfehlers und steigen hier im Detail in die Ausnahme ein.

Wenn eine HU in einer Konturenmessung auffällt, kann sie nicht eingelagert werden. Es besteht die Gefahr, dass entweder die Ware oder Teile der Fördertechnik beschädigt werden. Da sich in diesem Fall ein Mitarbeiter um die HU kümmern muss, sollten Sie sie zum nächsten Klär- oder NIO-Platz bewegen.

Nehmen wir also folgendes Beispiel an: Die SPS im Wareneingang meldet einen Konturenfehler. Der Meldepunkt übermittelt über die SPS einen Fehlercode. Sie erhalten folgendes Telegramm:

```
WE01;SAP1;MPWENIO1;RE;1;;LREP;12345;MCON
```

Dieser Fehlercode lässt sich in eine Ausnahme mappen, wie Sie bereits in Abschnitt 2.5 erfahren haben. Die Telegrammverarbeitung setzt die Ausnahme für die HU.

Es zeigt sich, dass ein Fehler auf der Fördertechnik aufgetreten ist. Das Fahrzeug, das am Ende die Einlagerung ausführt, kann diese möglicherweise nicht fehlerfrei fahren. Aus diesem Grund müssen Sie nun diese HU schnellstmöglich ausschleusen.

Hierfür ist im Ausnahmecode MCON die entsprechende Reaktion im Business-Kontext MF5, Ausführungsschritt A0, in Form des Prozesscodes CRCL hinterlegt. Die betroffene HU wird am nächsten Clearing- oder NIO-Platz ausgeschleust.

Welche Schritte durchläuft SAP EWM in unserem Beispiel im Detail?

Beim Passieren des Meldepunkts besaß die HU zwei Lageraufgaben, die vom Arbeitsplatz im Wareneingang angelegt wurden und den Weg ins Lager abbildeten (siehe Abbildung 4.3): die Lageraufgabe *316* zum Nach-Lagerplatz *PFT1-MPWENIO1* und die Lageraufgabe *315* zu ihrem finalen Lagerplatz *HRL1-01-003*. Die Lageraufgabe *316* ist mit Erreichen des Meldepunkts MPWENIO1 abgeschlossen. Die HU soll aber nun nicht weiter ins Hochregallager, sondern zum nächstgelegenen NIO-Platz gefahren werden.

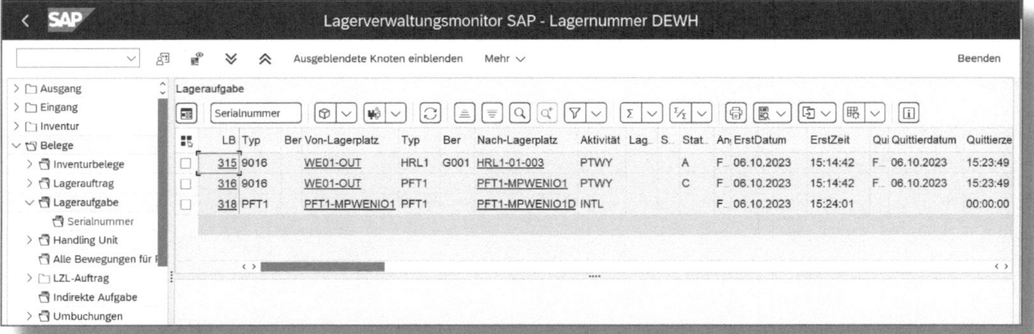

Abbildung 4.3: Lageraufgabenübersicht zu Ausnahmecode MCON

Hier greifen die am jeweils betroffenen Meldepunkt hinterlegten Einstellungen für den Klärplatz. Diese haben Sie in Abschnitt 2.1.3 bei der Definition der Meldepunkte angelegt.

Der im Ausnahmecode MCON hinterlegte Prozesscode CRCL bewirkte die Stornierung der vom Meldepunkt weiterführenden Lageraufgabe 315. Stattdessen wurde die neue Lageraufgabe 318 erzeugt, die zum am Meldepunkt MPWENIO1 festgeschriebenen Klärplatz *PFT1-MPWENIO1D* zeigt.

Stellen Sie nun bei der Meldepunktverarbeitung sicher, dass das neue Ziel entsprechend an die SPS gesendet wird. Mit dieser Information kann die SPS die Ausschleusung durchführen.

Es ist auch möglich, das Fehlerhandling im *SLG1*-Logging zu verfolgen (siehe Abbildung 4.4).

An der HU wird der Fehlercode nun auch im Feld FEHLER sichtbar (siehe Abbildung 4.5). Wenn Sie diese im LVM unter MATERIALFLUSSSYSTEM im Knotenpunkt HANDLING UNIT aufrufen, können Sie den Fehler auswerten.

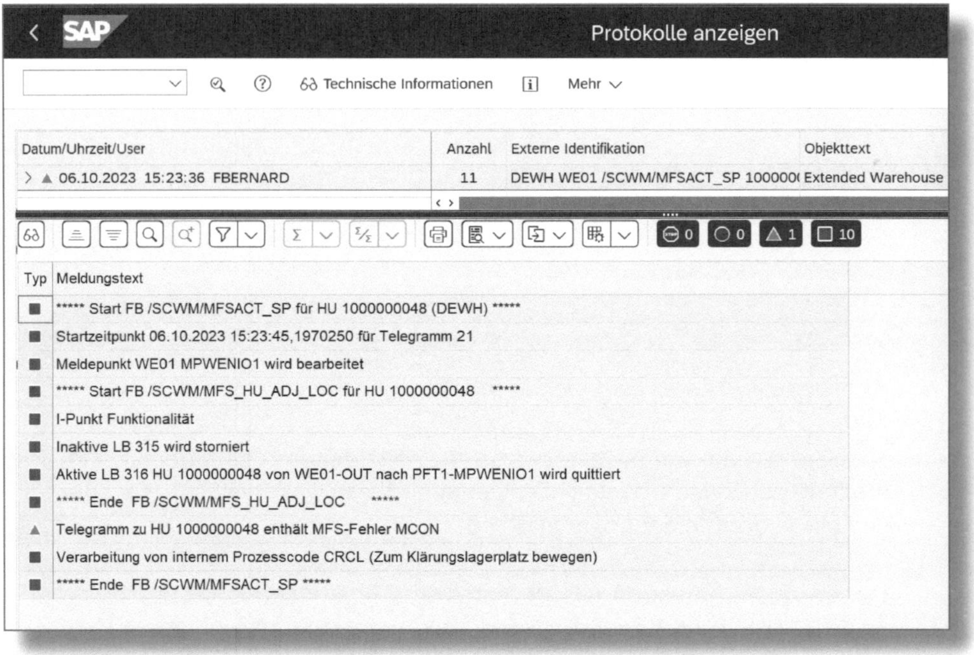

SAP
Protokolle anzeigen
Technische Informationen
Mehr
Datum/Uhrzeit/User
Anzahl
Externe Identifikation
Objekttext
06.10.2023 15:23:36 FBERNARD
11
DEWH WE01 /SCWM/MFSACT_SP 100000(
Extended Warehouse
0
0
1
10
Typ
Meldungstext
***** Start FB /SCWM/MFSACT_SP für HU 1000000048 (DEWH) *****
Startzeitpunkt 06.10.2023 15:23:45,1970250 für Telegramm 21
Meldepunkt WE01 MPWENIO1 wird bearbeitet
***** Start FB /SCWM/MFS_HU_ADJ_LOC für HU 1000000048 *****
I-Punkt Funktionalität
Inaktive LB 315 wird storniert
Aktive LB 316 HU 1000000048 von WE01-OUT nach PFT1-MPWENIO1 wird quittiert
***** Ende FB /SCWM/MFS_HU_ADJ_LOC *****
Telegramm zu HU 1000000048 enthält MFS-Fehler MCON
Verarbeitung von internem Prozesscode CRCL (Zum Klärungslagerplatz bewegen)
***** Ende FB /SCWM/MFSACT_SP *****

Abbildung 4.4: Applikationslog zum Telegramm mit Fehlercode

SAP
Lagerverwaltungsmonitor SAP - Lagernummer DEWH
Ausgeblendete Knoten einblenden
Mehr
Beenden
Alert
Arbeitsmanagement
Lagerleistungsabrechnur
Materialflusssystem
Kommunikationskanal
Meldepunkt
Telegramm
Lageraufgabe
APC-TCP-Protokoll
Handling Unit
Handling-Unit-Beweg
Handling Unit
Lageraufgabe
HU-Bewegung
HU AnwendPrtkll
Handling U.
SPS
Meldepunkt
Typ
Ber Lagerplatz
log Pos
Ressource
HU-Typ
Fehler
off. LB
Datum
Zeit
ms
ΣZähler
1000000048
WE01
MPWENIO1
PFT1
PFT1-MPWENIO1
E1
MCON
X
06.10.2023
15:23:49
414
1

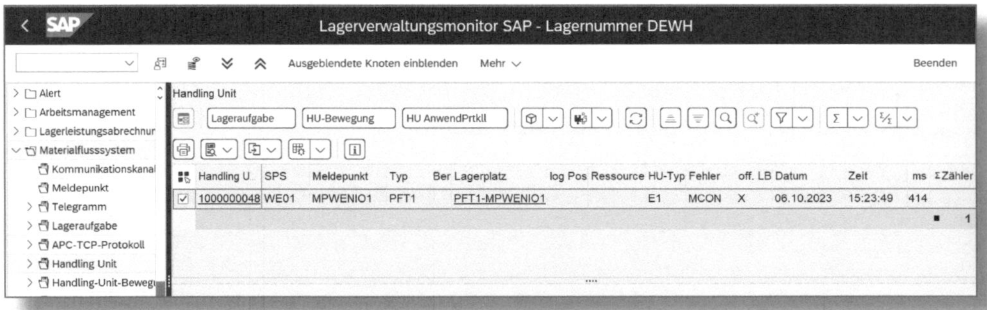

Abbildung 4.5: Fehlercode an HU auswerten

Der LVM zeigt Ihnen im Feld FEHLER den hinterlegten Ausnahmecode an und in den Feldern DATUM, ZEIT und MS, wann er entstanden ist.

Des Weiteren bietet der Ausnahmecode noch einen Anschluss an das Alertsystem des EWM. Es werden Alerts mit dem ALERT-TYP *2521 – Allgemeiner Fehler Materialflußsystem* ausgelöst. Die Verknüpfung inkl. Beschreibung sehen Sie in Abbildung 4.6. Für diese Ansicht müssen Sie zum Customizing-Pfad SCM EXTENDED WAREHOUSE MANAGEMENT • EXTENDED WAREHOUSE MANAGEMENT • PROZESSÜBERGREIFENDE EINSTELLUNGEN • AUSNAHMEBEHANDLUNG • DEFINITION VON AUSNAHME-CODES wechseln.

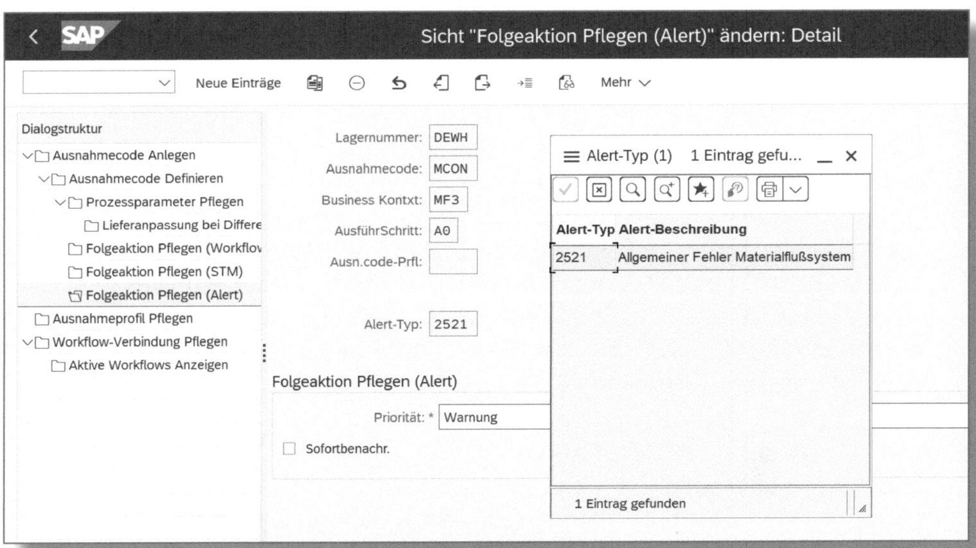

Abbildung 4.6: Folgeaktion Alert

Wenn Sie das Alertsystem einsetzen, können Sie Ihre User in die Benachrichtigungen für den Alerttyp einbinden.

4.3 Störungsmanagement im LVM

Gibt es ein größeres mechanisches oder IT-technisches Problem, kann es notwendig sein, einzelne Teile Ihrer Anlage manuell zu sperren oder neu zu starten. Auch hierbei unterstützt Sie als zentrales Verwaltungstool der Lagerverwaltungsmonitor (LVM). Mit seiner Hilfe können Sie die unterschiedlichsten Störsituationen bewältigen.

Damit Sie sich ein besseres Bild von den sich bietenden Möglichkeiten machen können, werde ich Ihnen verschiedene Störsituationen skizzieren und einen beispielhaften Ausweg über den LVM zeigen. Dies ist keine Musterlösung für Ihr Lager, sondern soll Ihnen nur ein Gefühl dafür vermitteln, wie sich Störungen beheben lassen.

4.3.1 Netzwerkstörung

Beginnen wir mit einem Klassiker unter den Störungen: mit Netzwerkausfällen.

Die Kommunikation zwischen der SPS und SAP EWM besitzt einige Mechanismen, um mit verlorenen Telegrammen oder Acknowledgments umzugehen. Trotzdem kann es bei größeren Störungen oder auch nach deren Behebung durchaus vorkommen, dass dieser Austausch »aus dem Tritt kommt«.

Um das wieder in den Griff zu bekommen, bietet sich zuallererst an, alle Kanäle zu stoppen und im Anschluss neu zu starten. Wählen Sie dafür im LVM unter dem Hauptknoten die Kanäle aus, und halten Sie diese über die Monitorfunktion an (siehe Abbildung 4.7).

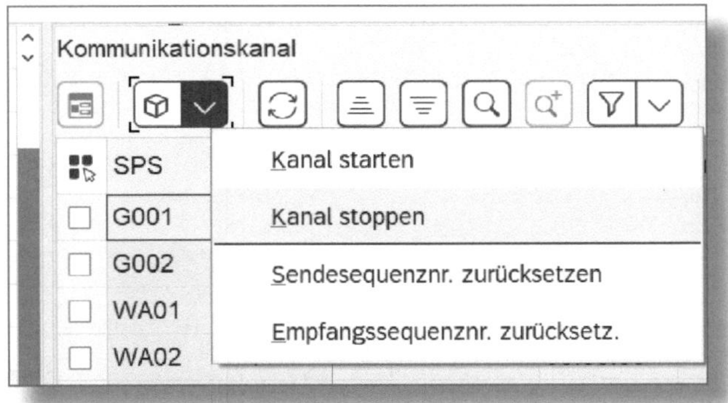

Abbildung 4.7: Kanal stoppen

Um sicherzugehen, dass nach dem Stoppen keine Kommunikation mehr läuft, kontrollieren Sie kurz Ihre eingehenden und ausgehenden Telegrammpuffer. Dort können sich durchaus noch Telegramme aufgestaut haben, die nach dem Neustart dann wieder zu Problemen führen.

Idealerweise sollten Sie daher über eine Vorgehensweise verfügen, wie Sie nach einem Stopp Ihre Telegrammpuffer leeren. Sie müssen wissen, welche Telegramme verworfen werden dürfen und welche nicht. Dies ist von Anlage zu Anlage verschieden, weshalb es hier leider keine allgemeine Empfehlung geben kann.

Für den Anfang können Sie sich aber daran orientieren, ob das Telegramm eine Information enthält, die Ihnen die SPS erneut schicken kann oder wird. Beispiele dafür sind ein Füllstand oder ein Statustelegramm. Diese senden die Anlagen bei einem Neustart oft standardmäßig ein weiteres Mal, daher können Sie sie meist problemlos löschen.

Eine positive Rückmeldung zu einem gerade ausgeführten Fahrauftrag wird uns die SPS dagegen in der Regel nicht ohne Weiteres zusenden. Hier sollten Sie beim Löschen daher vorsichtig sein.

Nachdem Sie die Puffer entsprechend kontrolliert und gesäubert haben, starten Sie die Kanäle neu, wie in Abschnitt 2.9 beschrieben.

Sollten Ihre Anlage und SAP EWM weiterhin Probleme haben und sich nicht (miteinander) synchronisieren, bietet der LVM eine weitere Funktion für den Reset der Kommunikation: Sie können die Ein- und Ausgangssequenznummern der Kanäle zurücksetzen – sofern vonseiten Ihres Anlagenautomatisierers nichts dagegenspricht (siehe Abbildung 4.8).

Mit dieser Funktion setzen Sie den aktuellen Stand der Laufnummern auf null zurück. Damit beginnt die Zählung der Telegramme von vorn, und Fehler in der Reihenfolge der empfangenen Telegramme, die durch die Netzwerkstörung zustande gekommen sind, haben keine Auswirkungen mehr.

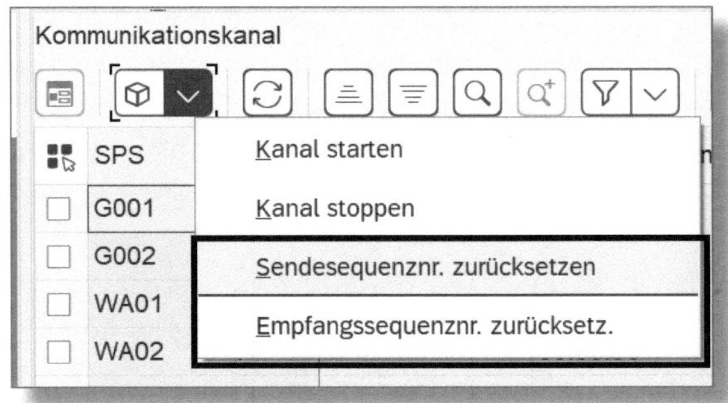

Abbildung 4.8: Sequenznummern am Kanal zurücksetzen

Die dargestellte Funktion zum Stoppen des Kommunikationskanals kann und sollte auch im Wartungsfall genutzt werden.

Dauerhafte Kommunikation zwischen SAP EWM und Anlage

Es spricht nichts dagegen, die Kommunikation zwischen SAP EWM und Anlage auch außerhalb der Geschäfts- und Arbeitszeiten Ihres Lagers weiterlaufen zu lassen. Sollte allerdings eine der beiden Seiten für eine Wartung oder ein Update geplant außer Betrieb gehen, sollten Sie vorsichtshalber die Kommunikation zwischen den Parteien über die Kanäle stoppen.

4.3.2 Stau auf der Anlage

Rückstau, verrutschte Behälter, die eine Kurve blockieren, kreisende Behälter ohne Ausfahrt – die Bandbreite von Stausituationen auf der Anlage ist groß. Und in vielen derartigen Fällen kommt die Anlage aus eigener Kraft nicht mehr aus dieser Situation heraus, vor allem wenn die Kapazität eines Segments stark überschritten wurde.

Ab diesem Moment hilft oft nur ein Stopp der Zuführungen und ein kontrolliertes Abschlichten der HU oder ein langsames Ausschleusen.

Um die Zuführungen zu stoppen, ist es meist notwendig, Teile der Förderstrecke in Form von Meldepunkten und Segmenten – oder auch die Fahrzeuge – zu sperren.

Beginnen Sie hierbei mit den Meldepunkten. Manchmal reicht es beispielsweise durchaus, die Zuführung aus einem Bereich über einen Meldepunkt zu sperren, um nichts mehr in einen zu vollen Loop zu lassen.

In SAP EWM wird dafür der Meldepunkt nicht direkt gesperrt, sondern mit einer Ausnahme versehen.

Zu diesem Zweck gehen Sie im LVM im Hauptknoten MATERIALFLUSSSYSTEM zum Unterknoten MELDEPUNKT (siehe Abbildung 4.9).

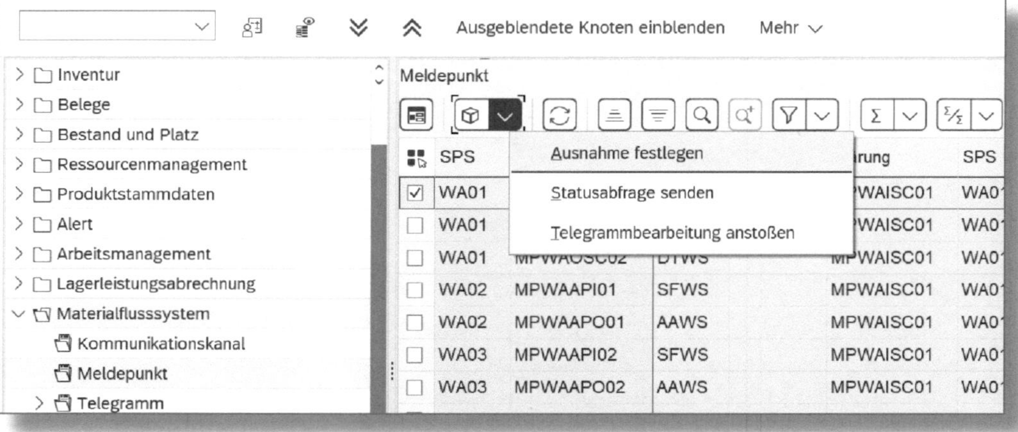

Abbildung 4.9: Monitorfunktion »Ausnahme festlegen«

Hier markieren Sie den jeweils betroffenen Meldepunkt und wählen *Ausnahme festlegen* aus. Im Standard von SAP EWM gibt es für solche Fälle bereits vorgefertigte Ausnahmecodes. Für unseren Fall wäre der Ausnahmecode MBLK einschlägig – dessen Beschreibung lautet »Betriebsmittel gesperrt (langfr.)«.

Die Konfiguration dieser Ausnahme verhindert, dass weiterhin Lageraufgaben zu dem Meldepunkt erzeugt werden. Im Customizing wird dafür der Prozessparameter STAY gepflegt (siehe Abbildung 4.10).

Wechseln Sie dafür in den Pfad SCM EXTENDED WAREHOUSE MANAGEMENT • EXTENDED WAREHOUSE MANAGEMENT • PROZESSÜBERGREIFENDE EINSTELLUNGEN • AUSNAHMEBEHANDLUNG • DEFINITION VON AUSNAHME-CODES.

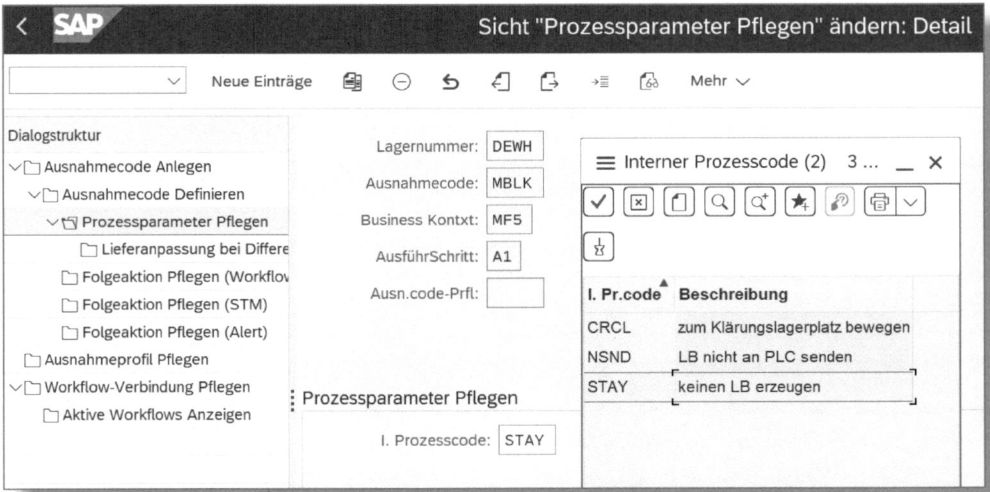

Abbildung 4.10: Hinterlegter Prozessparameter im Ausnahmecode

Da sämtliche Bewegungen über die Lageraufgaben gesteuert werden, kommt dies einer Sperre des Meldepunkts gleich.

Die Sperre lässt sich im LVM am Meldepunkt nachvollziehen, dieser zeigt den festgelegten Ausnahmecode (AUSN. BE...), Zeitstempel (ÄND-DATUM) und den Benutzer, der die Sperre hinterlegt hat (GEÄND. VON), an (siehe Abbildung 4.11).

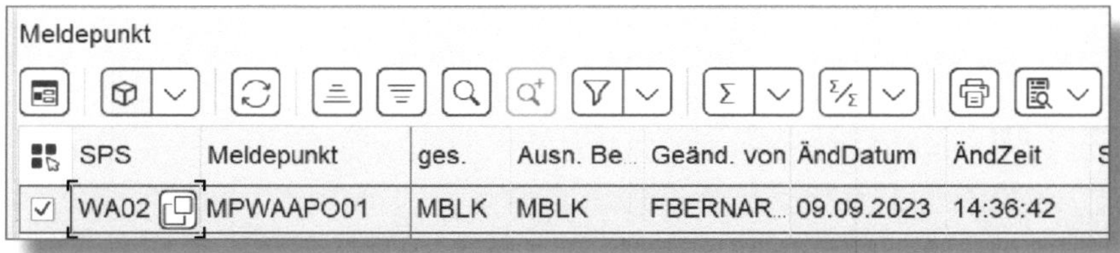

Abbildung 4.11: Meldepunkt mit Ausnahmecode

Das Sperren von Segmenten, Segmentgruppen oder Ressourcen funktioniert nach demselben Prinzip. Auch hier können Sie über die entsprechenden Monitorfunktionen in den Unterknoten FÖRDERSEGMENTGRUPPE, FÖRDERSEGMENT und RESSOURCE das jeweils zu sperrende Objekt auswählen und mit einer Ausnahme versehen. Die Ausnahme MBLK lässt sich für alle Objekte verwenden, da für alle ein entsprechender Business-Kontext angelegt wurde.

Spezialfall Ressourcen

Meist ist es zweckdienlicher, ein Fahrzeug bei einem Stau oder Störfall auf der Förderstrecke weiterarbeiten zu lassen, sofern es notwendig ist, HU von der Förderstrecke herunterzubringen.

Da das Fahrzeug die Strecke aber nicht zusätzlich durch neue Auslagerungen belasten soll, ist es in einem solchen Fall ein probates Mittel, die Auslagerbahn oder den hinter dem Auslagerstich liegenden Meldepunkt zu sperren. So können weiterhin Einlagerungen beauftragt und verfahren werden, Auslagerungen lassen sich hingegen nicht anlegen und dadurch auch nicht fahren.

4.3.3 Telegrammfehler und Objektsperren

Auch während der Verarbeitung der Telegramme – egal, ob ausgehend oder eingehend – kommt es immer wieder zu Fehlern: einem gesperrten Objekt, einem falschen Dateninhalt oder einer fehlerhaften Laufnummer.

Beispiele für Telegrammfehler

- Ist zum Zeitpunkt des Telegrammeingangs beispielsweise ein Meldepunkt oder eine HU durch eine andere Verarbeitung gesperrt, wird das im Applikationslog der Telegrammverarbeitung schnell sichtbar. Hier kann eine erneute Verarbeitung des Telegramms helfen.
- Eine weitere mögliche Fehlersituation ist z. B. das mehrfache Senden eines Telegramms durch die SPS oder ein vielfaches Scannen der HU. In einem solchen Fall soll meist nur eines der Telegramme verarbeitet werden.
- Es ist aber auch denkbar, dass fehlerhafte Daten übermittelt worden sind, die SAP EWM so nicht verarbeiten kann.

Für derartige Fälle gibt es ein neues Monitoringtool: den *Telegrammpuffer* im LVM. Ausgehende und eingehende Telegramme laufen dort auf – egal, ob sie noch auf eine Verarbeitung warten oder ob es sich um einen fehlerhaften Datensatz handelt.

»SM58« – die Basistransaktion für Telegrammverkehr

Grundsätzlich sind die Telegramme in der SAP-Standardtransaktion *SM58 – Transaktionaler RFC* sichtbar, gemeinsam mit allen anderen TCP/IP-Nachrichten. Es handelt sich um eine bekannte Basistransaktion, die möglicherweise in Ihre bestehenden Monitoringtätigkeiten bereits inkludiert ist. Sie gibt Ihnen jedoch keine Möglichkeit, zwischen Telegrammen und anderen RFC-Nachrichten zu unterscheiden. Auch fehlen die Zusatzfunktionen des LVM. In puncto Massenverarbeitung hat diese Transaktion jedoch einige praktische Reorg-Funktionen.

Im LVM im Knoten TELEGRAMMPUFFER stehen Ihnen die in Abbildung 4.12 sichtbaren Funktionen zur Verfügung:

- *Bearbeiten*
- *Löschen*
- *Telegramm prozessieren*

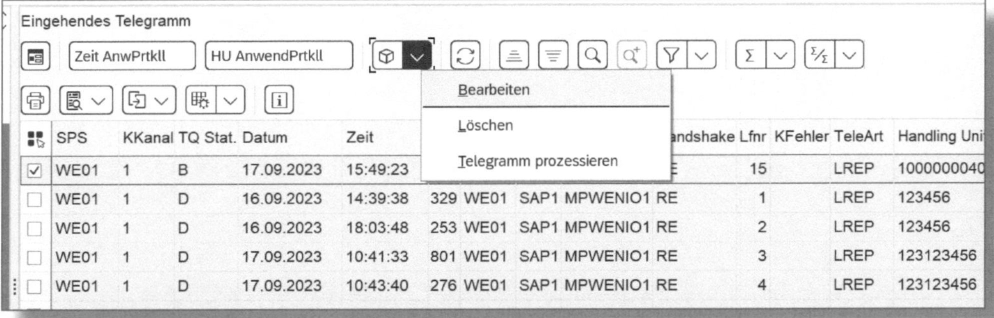

Abbildung 4.12: Monitorfunktionen Telegrammpuffer

Diese Funktionen finden Sie gleichermaßen bei eingehenden wie ausgehenden Telegrammen.

Sollten Sie ein Telegramm vor dem erneuten Prozessieren bearbeiten wollen, erscheint die in Abbildung 4.13 dargestellte Eingabemaske.

Die Kopfdaten können dabei nicht verändert werden. Dazu zählen u. a. die Identifikation der HANDLING UNIT, die TELEGRAMMART sowie SENDER und EMPFÄNGER. Die entsprechenden Felder sind folglich nicht eingabebereit.

Alle zusätzlichen Informationen, die hier im Teilbild TELEGRAMMDATEN sichtbar sind, können je nach Bedarf angepasst werden.

Im Anschluss kann das Telegramm mit der Funktion *Telegramm prozessieren* erneut verarbeitet werden (siehe Abbildung 4.12).

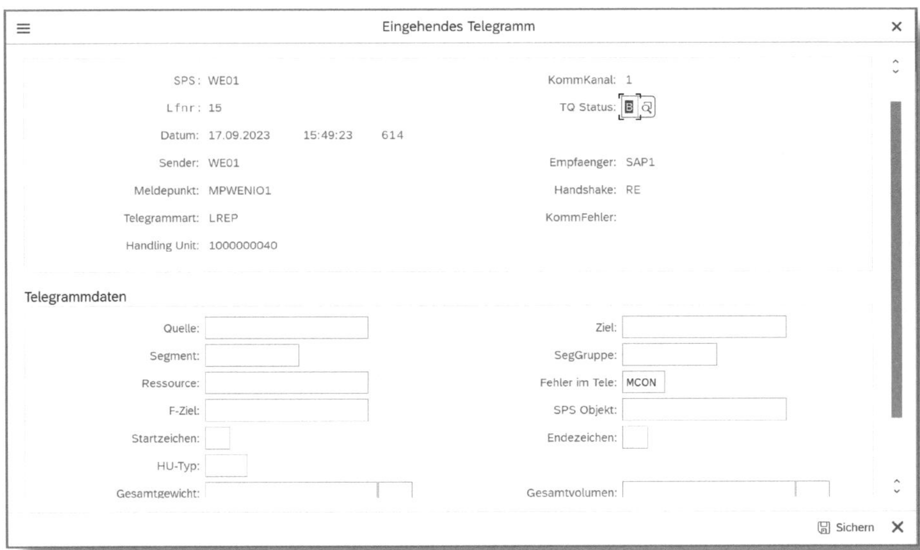

Abbildung 4.13: Eingabemaske – Telegramm bearbeiten

Sind die Kopfdaten fehlerhaft, ist das Telegramm doppelt vorhanden oder überflüssig, verwenden Sie die Funktion *Löschen*. Damit wird es aus den Tabellen */SCWM/MFSTELEQ* und */SCWM/MFSDELAY* entfernt.

4.3.4 Lageraufgabenhandling

Lageraufgaben sind die Grundlage der Bewegungen in SAP. Es ist allerdings nicht selbstverständlich, dass der Anlagenautomatisierer mit den Nummern der Lageraufgaben in SAP vertraut ist und uns diese in den Telegrammen mitteilt. Sollten diese jedoch Teil des Telegrammverkehrs sein, gibt es neben den Standardknoten des LVM auch Funktionen zur Verwaltung der Lageraufgaben.

Sie können in diesem Fall vom entsprechenden Telegramm direkt auf die Lageraufgaben überspringen und die Lageraufgabe dann entweder ändern oder stornieren oder sogar manuell quittieren, wenn der jeweilige Fehlerfall es notwendig macht.

5 Auswertungen, Kennzahlen, MFS im LVM, Housekeeping

Auswertungen, Performance und neue KPIs spielen in einem automatischen Lager eine große Rolle. Allerdings bringt die Logik des Anlagenautomatisierers eine weitere Datenquelle und einen Systembruch mit sich, denn nicht alle Informationen zu Ihrer Anlage stehen Ihnen auch in SAP EWM standardmäßig zur Verfügung. Gerade die Vielfalt der Anlagentechnik und der Anwendungsfälle machen Standardschnittstellen schwierig. Aus diesem Grund vermittelt Ihnen dieses Kapitel die Bordmittel des LVM für Auswertungen und zeigt Ihnen, wie Sie mit einigen wenigen Eingriffen Auswertungen implementieren können, die vielleicht für Ihren Anlagenbetrieb interessant sind. Den Abschluss des Kapitels bildet dann das Thema Housekeeping, das im Materialfluss eine wichtige Rolle im Komplex Performance spielt.

5.1 Anlagenzustand

Für den täglichen Betrieb spielt der Anlagenzustand eine große Rolle, da im Störfall die Reaktionszeit möglichst kurz sein muss. Gerade weil die Mitarbeiter im Lager oftmals mit zwei Systemen arbeiten, weil gewisse Funktionalitäten der Anlage bei der Software des Automatisierers liegen, sollte die Übersicht über den Anlagenzustand denkbar einfach und schnell sein.

In SAP gibt es dafür zwei Transaktionen, die hier die Hauptarbeit leisten können.

- Lagercockpit
- Lagerverwaltungsmonitor (LVM)

5.1.1 Lagercockpit

SAP gibt uns mit dem mit Easy Graphics Framework (EGF) angelegten Lagercockpit ein gutes Bordmittel zur grafischen Überwachung des Lagers an die Hand. Dort finden sich auch einige vorgefertigte Kennzahlen zur Kontrolle eines Materialflusssystems.

Diese finden Sie in der Standard-EGF-Implementierung WHS_COCKPIT. Hier hat SAP einige einfache Statusübersichten hinterlegt, die mit einem Ampelsystem dargestellt werden. Damit lässt sich eine schnelle grafische Übersicht über den aktuellen Zustand der Anlage erstellen.

In der Standardauslieferung enthält das Cockpit sechs fertige EGF-Objekte, wie sie auch aus der Abbildung 5.1 ersichtlich werden.

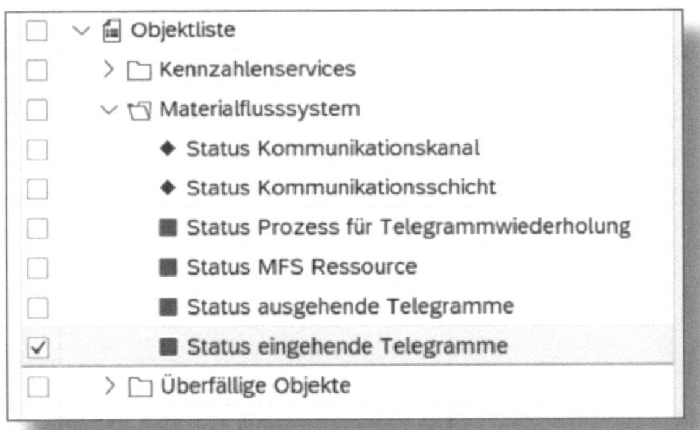

Abbildung 5.1: Lagercockpit – Objektliste

Der Status des jeweils ausgewählten Objekts oder der selektierten SPS wird mithilfe einer Ampel dargestellt. In Abbildung 5.2 wurden beispielsweise die SPS WE01 und die Ressource RBG1 ausgewählt.

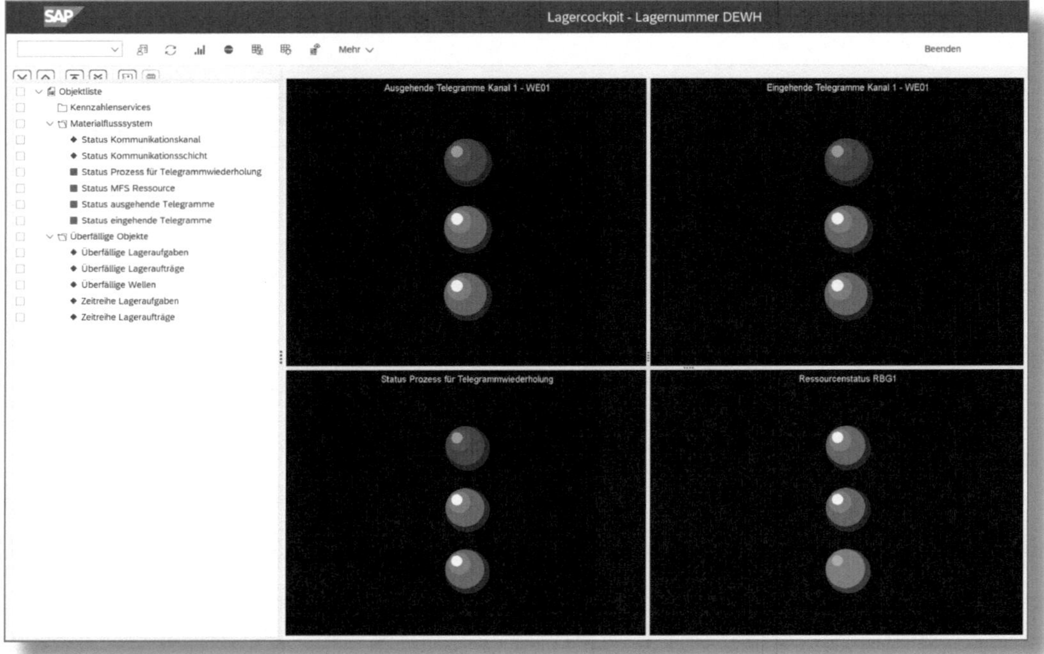

Abbildung 5.2: Lagercockpit – Ampelanzeige

Die Kennzahlen reagieren dabei entsprechend auf folgende Tabellen und Felder:

- STATUS KOMMUNIKATIONSKANAL

Hier wird der Sync-Status des Kommunikationskanals überprüft. Dabei wird das Tabellenfeld */SCWM/MFSCCH-SYNC* ausgelesen. Enthält es den Wert *B*, ist die Ampel grün.

Fernerhin bietet das Lagercockpit an dieser Stelle die Zusatzfunktionen *Kommunikationskanal starten* und *Kommunikationskanal stoppen*, die im Drop-down-Menü, das nach einem Rechtsklick auf die Ampel erscheint, anwählbar sind (siehe Abbildung 5.3).

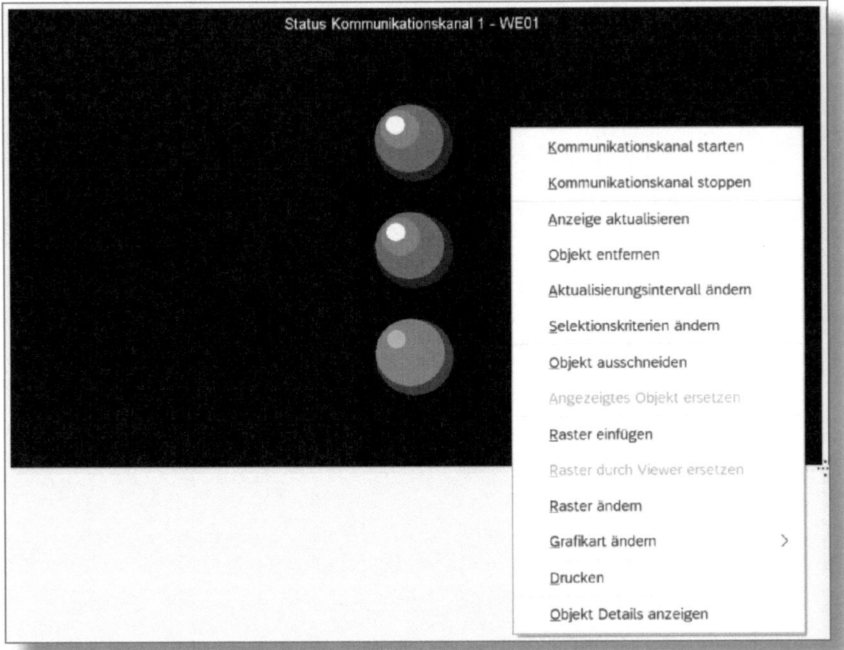

Abbildung 5.3: Drop-down-Liste der Zusatzfunktionen

- Status Prozess für Telegrammwiederholung

Die hier hinterlegte Ampel zeigt an, ob der Prozess für die Telegrammwiederholung gestartet ist oder nicht. Dieser Prozess versucht entweder bereits im Ausgangspuffer enthaltene Telegramme oder aber Life-Telegramme zu versenden. Im Eingangspuffer vorhandene Telegramme werden, falls möglich, verarbeitet.

Die Voraussetzungen für das Starten des Prozesses sind,

- dass am Kanal die Life-Telegrammart hinterlegt ist,
- dass die Einstellungen für die Telegrammwiederholung und das entsprechende Intervall gepflegt sind und
- dass am Kanal sowie am Meldepunkt ein Intervall für die Telegrammwiederholung der Life-Telegramme gepflegt ist.

Start und Stopp können Sie ebenfalls direkt im Lagercockpit über die Zusatzfunktionen am Objekt per Rechtsklick auslösen.

- STATUS MFS RESSOURCE

Eine rote Ampel zu einer ausgewählten Ressource wird dann angezeigt, wenn diese – ob vonseiten eines Benutzers oder des SPS-Systems – mit einer Ausnahme belegt ist und infolgedessen die Abarbeitung der Aufträge gestört bzw. gesperrt wird. Andernfalls steht die Ampel auf Grün.

Zusatzfunktionen zu der Anzeigefläche sind nicht hinterlegt.

- STATUS AUSGEHENDE TELEGRAMME

Die hier angezeigte Ampel bezieht sich auf die Telegramme der ausgewählten SPS in der Ausgangsqueue. Enthält die Queue keine Telegramme zu der SPS, ist die Ampel grün. Existieren wartende Telegramme, wird eine rote Ampel dargestellt.

Eine Mehrfacheingabe ist leider nicht möglich, an dieser Stelle können nur einzelne SPS überwacht werden. Zusatzfunktionen sind ebenfalls nicht hinterlegt.

- STATUS EINGEHENDE TELEGRAMME

Ähnlich wie bei den ausgehenden Gegenstücken bezieht sich die Ampel hier auf Telegramme der selektierten SPS, die sich gerade in der Queue befinden und auf Verarbeitung warten. Gibt es keine wartenden Telegramme, löst das eine grüne Ampel aus, andernfalls steht sie auf Rot.

5.1.2 Lagerverwaltungsmonitor (LVM)

In Abschnitt 4.3 wurden Ihnen die Funktionen des LVM erklärt, die bei einer Entstörung hilfreich sein können. Es gibt jedoch noch einige weitere Knoten, die nützlich für Sie sein können, wenn es um die reine Überwachung des Anlagenzustands geht (siehe Abbildung 5.4).

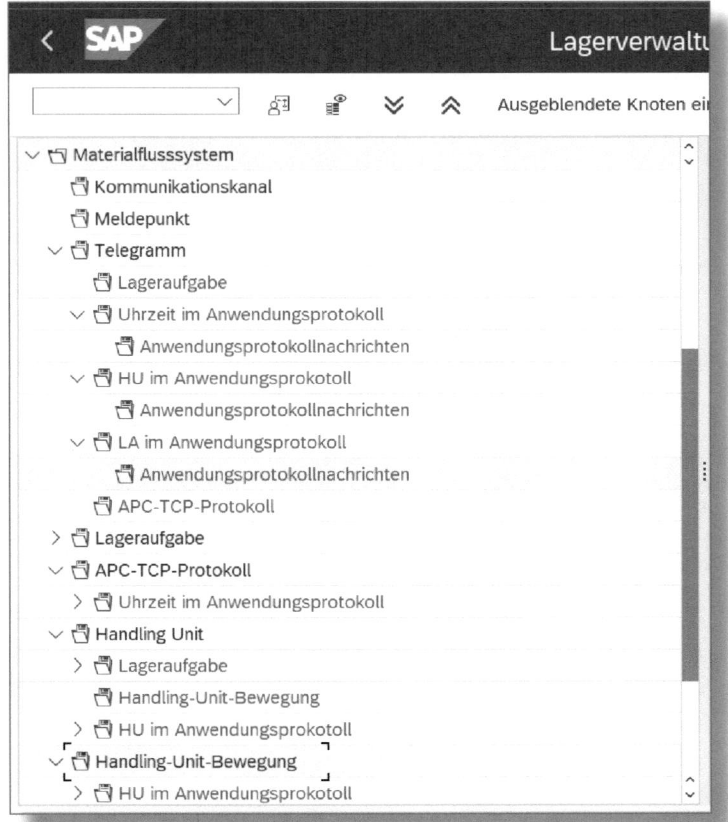

Abbildung 5.4: Materialflusssystem – Übersicht der Unterknoten

Beginnen wir bei den Telegrammen:

Im Knoten Telegramm können Sie sich die Telegramme nach Zeitabschnitten anzeigen lassen und dort mit der Auswahl eines spezifischen Telegramms in die *SLG1*-Protokollierung der Telegrammverarbeitung abspringen.

Wenn Ihre Anlage über ABAP-Push-Channelverbindungen arbeitet, gibt es hier zusätzlich das technische Protokoll der TCP-Verbindung des Push Channel.

SAP-Objekte, die mit den Telegrammen übermittelt wurden, werden in den Monitorfunktionen verlinkt, sie bieten entsprechende Absprünge in die Lageraufgabe, den Lagerauftrag oder in die HU.

Wenn Sie den Knotenpunkt HANDLING UNIT auswählen, können Sie sich damit über alle HU informieren, die gerade auf der Anlage unterwegs sind. Angezeigt werden dabei die aktuelle Position, der Status der zugehörigen Lageraufgabe und die dazu gesendeten Telegramme.

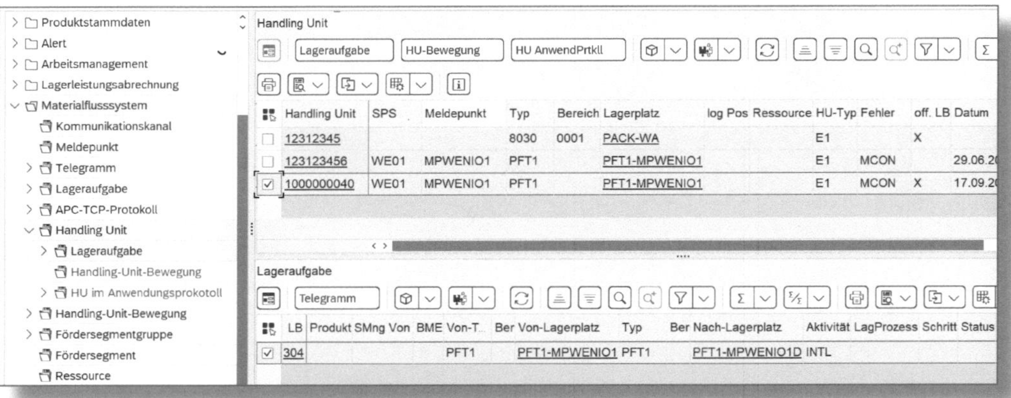

Abbildung 5.5: Auswertung der HU

Abbildung 5.5 zeigt u. a. die HANDLING UNIT *1000000040*. Im Bereich HANDLING UNIT erkennen Sie, dass die HU einen Konturenfehler hat, da im Feld FEHLER der Ausnahmecode *MCON* gesetzt ist. Auch sehen Sie die aktuellen Standortdaten: Die HU befindet sich aktuell am MELDEPUNKT *MPWENIO1*, der zur SPS *WE01* gehört, und ist auf den LAGERPLATZ *PFT1-MPWENIO1* gebucht.

Spannend ist ferner das Feld OFF.LB. Das *X* darin zeigt an, dass bereits eine nächste Lageraufgabe für den Weitertransport der HU existiert. Mit einem Klick auf den Button [Lageraufgabe] lässt sich der untere Teilscreen aufklappen; dort werden Ihnen die offenen Lageraufgaben zur markierten HU angezeigt: Diese soll vom VON-LAGERPLATZ *PFT1-MPWENIO1* zum NACH-LAGERPLATZ *PFT1-MPWENIO1D* transportiert werden. Auf der Förderstrecke bedeutet das einen Transport vom Meldepunkt MPWENIO1 zum Meldepunkt MPWENIO1D.

Im Knotenpunkt HANDLING-UNIT-BEWEGUNG finden Sie eine Auflistung der Ziele der HU in Form Ihrer Grobnachplätze aus den Einlagerlageraufgaben. Hier wird nur dann etwas angezeigt, wenn beim Einsatz einer Behälterfördertechnik die Grobnachplatzfindung genutzt wird.

Den aktuellen Anlagenzustand zeigen die Knotenpunkte:

- RESSOURCE
- FÖRDERSEGMENT UND FÖRDERSEGMENTGRUPPE
- MELDEPUNKT
- KOMMUNIKATIONSKANAL
- TELEGRAMMPUFFER

Die Anordnung können Sie in Abbildung 5.6 einsehen.

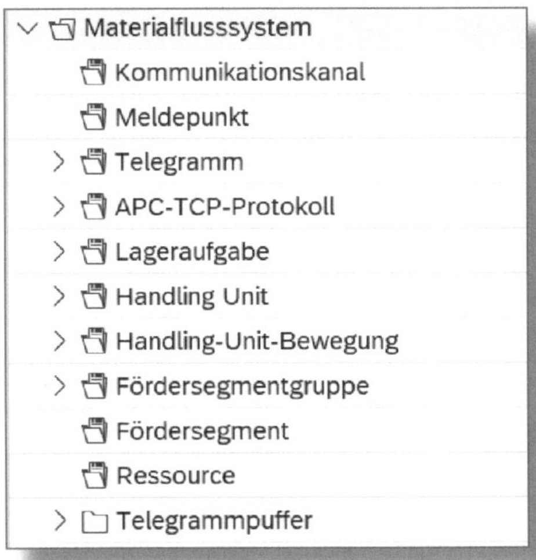

Abbildung 5.6: MFS-Knotenbaum – zugeklappte Übersicht

Bei der Überwachung des Anlagenzustands lässt sich oft nur der aktuelle Status in SAP EWM ermitteln.

5.1.3 Auswertungen zu Dauer und Häufigkeit von Störungen

Dauer und Häufigkeit von Störungen lassen sich mit Standardbordmitteln gesammelt in SAP EWM kaum und nur über Umwege auswerten. Doch nicht selten ergeben sich gerade beim Messen und bei der Auswertung speziell dieser Leistungs-KPIs wichtige Informationen für Ihr Lager.

Zur Ermittlung einer Störungsdauer müssen Sie z. B. prüfen, wann von der Anlage der Störungscode für das jeweilige Objekt gemeldet wurde und wann danach eine I.O.-Meldung eintraf. Solche Meldungen erfolgen in der Regel über Statustelegramme. Eine Ressource meldet also den Status »NOK« mit einem konkreten Fehlercode zu Beginn einer Störung. Nach der Entstörung wird ein Statustelegramm mit »OK« abgesetzt.

In der Regel kann Ihr Anlagenautomatisierer die Störungsdauer auswerten. Hierfür existieren meist entsprechende Übersichten. Sollte das nicht der Fall sein oder möchten Sie grundsätzlich Störungsart und -dauer in SAP EWM dokumentieren, müssen Sie mit einer Eigenprogrammierung arbeiten.

Die Startzeit Ihrer Störung lässt sich dabei aus den Anzeigen im LVM ermitteln.

Wie in Abbildung 4.11 ersichtlich, loggen MFS-Objekte wie Meldepunkte bei Ausnahmecodes den Zeitpunkt, an dem diese gesetzt wurden. Achten Sie aber dabei darauf, dass manuelle und von der SPS gesendete Ausnahmen in unterschiedlichen Datenfeldern gespeichert werden.

Gehen wir hierzu beispielsweise vom Meldepunkt aus. Die zugehörige Datenbanktabelle ist die */SCWM/MFSCP*.

Eine Störung kann hier in folgenden Feldern gesichert werden:

- ▶ EXCCODE_OVERALL – Ausnahmecode gesamt

- IPRCODE_OVERALL – Interner Prozesscode
- EXCCODE_USER – Ausnahmecode durch Benutzer gesetzt
- EXCCODE_PLC – Ausnahmecode durch SPS gesetzt

Wurde also eines dieser Felder mit einem Ausnahmecode befüllt, findet sich dazu in der Tabelle auch der Änderungszeitstempel, der beim Setzen der Ausnahme erzeugt wird.

Die nachstehenden Felder enthalten den Störungsbeginn:

- EXCCODE_USER_AT – Änderungszeitpunkt Benutzer
- EXCCODE_PLC_AT – Änderungszeitpunkt SPS

Bei Empfang eines Statustelegramms mit der Meldung »OK« muss in diesem Fall nur noch geprüft werden, ob am Objekt aktuell eine Störung vorliegt. Es werden sodann Störungsart, Beginn, Ende und Dauer in einer separaten Datenbanktabelle geschrieben.

Wie könnte also so eine Implementierung aussehen?

Als Vorlage nutzen Sie hier den Baustein */SCWM/MFSACT_STATUS*. Es handelt sich hierbei um eine Standardimplementierung für Statustelegramme. Abhängig vom im Telegramm übergebenen Objekt setzt der Baustein den jeweils gesendeten Ausnahmecode auf das entsprechende Objekt oder löst ihn auf, wenn kein Ausnahmecode übergeben wird.

Diese Implementierung konzentriert sich zunächst ausschließlich auf die Meldepunkte. Hierfür kopieren Sie den genannten Funktionsbaustein in den Z-Namensraum, um ihn entsprechend verändern zu können. Er wird dann, wie bereits in Abschnitt 2.4 beschrieben, im Anschluss im Customizing mit der Telegrammart STAT und einer neuen Aktion für die jeweilige SPS verknüpft, auf der nun Statustelegramme empfangen werden können.

Kehren Sie schließlich in den Baustein zurück, und suchen Sie darin die Implementierung für die Meldepunkte.

Das Setzen einer Ausnahme auf einen Meldepunkt erfolgt an dieser Stelle über den Baustein */SCWM/MFS_CP_SET_STAT*. Um diesen Aufruf wird nun die Implementierung aufgebaut.

Eine OK-Meldung eines Meldepunkts kann man in unserem Fall daran erkennen, dass keine Ausnahme übermittelt wird: Das Feld `lv_exccode` ist also leer (siehe Listing 5.1). Adaptieren Sie dieses Coding entsprechend dem Verhalten Ihrer Anlage.

Im Anschluss an die Ausführung des Standardbausteins kann nun die Dauer der Ausnahme ermittelt und mit allen für Sie relevanten Informationen in der vorher angelegten Datenbanktabelle `zewm_excode_dura` gesichert werden.

```
WHEN wmegc_mfs_ewm_obj_cp.
   IF lv_exccode IS INITIAL.
      "OK Meldung, aktuellen Stand merken
       SELECT SINGLE * FROM /scwm/mfscp INTO @DATA(ls_cp)
          WHERE lgnum = @iv_lgnum
            AND plc = @iv_plc
            AND cp = @is_telegram-cp.
       GET TIME STAMP FIELD DATA(lv_end_timestamp).
   ENDIF.
   CALL FUNCTION '/SCWM/MFS_CP_SET_STAT'
      EXPORTING
        iv_lgnum     = iv_lgnum
        iv_plc       = iv_plc
        iv_cp        = is_telegram-cp
        iv_exccode   = lv_exccode
        iv_set_by    = wmegc_mfs_set_by_plc
        is_teletotal = is_telegram.
    MESSAGE i243(/scwm/mfs) WITH lv_exccode is_telegram-cp
       INTO lv_msgtext.
    lo_log->add_message( ip_row = 0 ).

   IF ls_cp IS NOT INITIAL.
     IF ls_cp-exccode_plc IS NOT INITIAL.
       "Ausnahme wurde durch die SPS gesetzt
       DATA(lv_duration) = cl_abap_tstmp=>subtract(
```

```
            TSTMP1 = lv_end_timestamp
            TSTMP2 = CONV #( ls_cp-exccode_plc_at ) ).
    ELSE.
      "Ausnahme wurde durch den User gesetzt
      lv_duration = cl_abap_tstmp=>subtract(
            TSTMP1 = lv_end_timestamp
            TSTMP2 = CONV #( ls_cp-exccode_user_at ) ).
    ENDIF.
    ls_excode_duration-lgnum = iv_lgnum.
    ls_excode_duration-plc = iv_plc.
    ls_excode_duration-exccode =
         COND #( WHEN ls_cp-exccode_plc IS NOT INITIAL
                   THEN ls_cp-exccode_plc
                 WHEN ls_cp-exccode_user IS NOT INITIAL
                   THEN ls_cp-exccode_user ).
    ls_excode_duration-timestamp = lv_end_timestamp.
    ls_excode_duration-duration = lv_duration.
    INSERT zewm_excode_dura FROM ls_excode_duration.
    COMMIT WORK.
  ENDIF.
```

Listing 5.1: Codingabschnitt – Ermittlung Störungsdauer

SAP EWM merkt sich in diesem Fall die SPS, den Ausnahmecode, das Ende der Störung und die Störungsdauer. Welche zusätzlichen Informationen Sie eventuell in Ihrem Anwendungsfall benötigen, müssen Sie selbst entscheiden.

Ein Eintrag zu einer Störung in der neu dafür angelegten Z-Tabelle könnte dann wie in Abbildung 5.7 aussehen.

MANDT	LGNUM	PLC	EXCCODE	TIMESTAMP	DURATION
510	DEWH	WA02	MBRK	01.10.2023 14:32:22,0000000	480,0000000
510	DEWH	WA02	MBRK	01.10.2023 14:33:42,0000000	560,0000000

Abbildung 5.7: Auswertung Störungsdauer

5.2 Telegrammverkehr und Antwortzeiten

Eine der wichtigsten Auswertungen betrifft die Empfangs- und Antwortzeiten der Telegramme. Gerade der Zeitpunkt des Empfangs, die Dauer der Verarbeitung und der Zeitstempel des Versands des Antworttelegramm spielen eine große Rolle, wenn es um die Leistungsfähigkeit der Anlage geht.

Im LVM gibt es dazu am Knoten TELEGRAMME die Option, sich die einzelnen Zeitmeldungen anzeigen zu lassen; diese werden an bestimmten Punkten der Verarbeitung automatisch gespeichert.

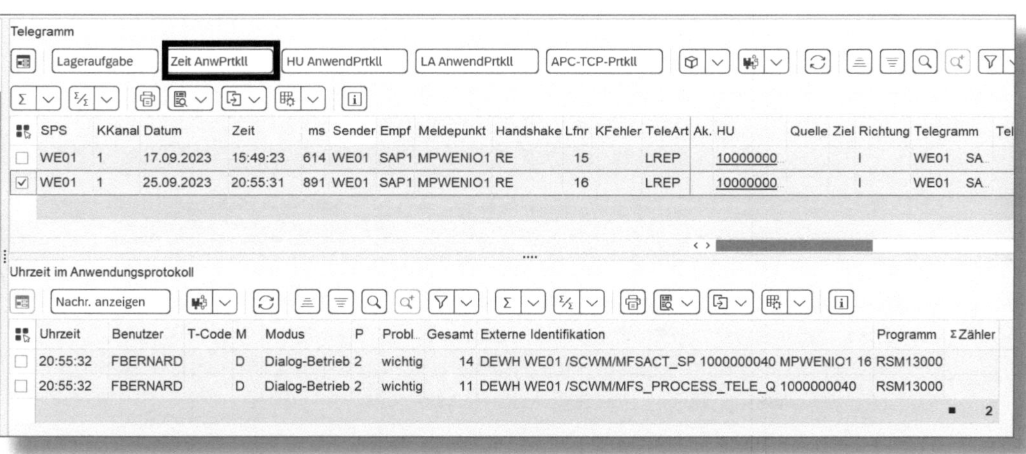

Abbildung 5.8: Zeitmeldungen während der Telegrammverarbeitung

Wenn Sie auf den in Abbildung 5.8 markierten Button ZEIT ANWPRTKLL klicken, können Sie sich die Zeitmeldungen anzeigen lassen, die während der Telegrammverarbeitung gespeichert wurden.

Der Standard sichert den Zeitstempel zum Beginn der Verarbeitung des Bausteins */SCWM/MFS_PROCESS_TELE_Q* und denjenigen zum Beginn der Verarbeitung des MFS-Aktionsbausteins.

Der Zeitstempel wird dabei auf Sekunden geglättet. Wenn Sie den Zeitpunkt des Antworttelegramms ergänzen, können Sie die komplette Abarbeitungszeit ermitteln.

Auch können Sie beim Ausprogrammieren der einzelnen BAdIs der Telegrammverarbeitung, wie in Abschnitt 3.2 beschrieben, weitere Zeitmeldungen zum Standardlog hinzufügen. Damit lässt sich gut ermitteln, wo in Ihrer Telegrammverarbeitung eventuell zu viel Zeit verloren geht.

Wenn Sie jedoch über mehrere Telegramme oder über einen größeren Zeitraum hinweg die Antwortzeiten Ihrer Verarbeitung prüfen und auswerten möchten, stoßen Sie mit diesen Bordmitteln schnell an Grenzen. SAP bietet etwas Abhilfe mit dem Funktionsbaustein */SCWM/MFS_LOG_END_ADD*. Dieser kann beispielsweise als asynchroner Verarbeitungsbaustein im Customizing hinterlegt oder aus einem selbst programmierten Aktionsbaustein heraus aufgerufen werden. Im Standard wird dieser Baustein oft verwendet, um mit einem Zeitstempel im Applikationslog zu protokollieren, wann eine Verarbeitung vorbei ist. Der Baustein berechnet aber auch die Durchlaufzeit und speichert diese im Applikationslog. Diese Durchlaufzeit wollen wir nun nutzen, um die Laufzeit der Telegrammverarbeitung zu messen, denn auf diese Weise können wir direkt im Applikationslog erkennen, wie lange die Verarbeitung eines Telegramms gedauert hat.

Aber auch diese Auswertung, die Sie über die Standardtransaktion des Applikationslogs, *SLG1*, durchführen, hilft bei Massenauswertungen nur bedingt weiter: Sie können nicht gezielt nach Langläufern selektieren und auch keine Durchschnittswerte über mehrere Telegramme hinweg bilden.

Wenn Sie eine Auswertung der Antwortzeit eines Telegramms durchführen möchten, müssen Sie diese selbst programmieren. Da eine solche Auswertung sehr empfehlenswert und hilfreich ist, erkläre ich Ihnen im folgenden Abschnitt die Implementierung.

Beginnen Sie mit der Definition der Datenfelder. Um die Abarbeitungszeit eines Telegramms zu berechnen, brauchen Sie die Start- und Endzeit der Abarbeitung und ein Feld für die Dauer. Die Information über die Durchlaufzeit sollte direkt ersichtlich sein, erweitern Sie also die Telegrammtabelle */SCWM/MFSTELEQ* entsprechend.

Zu diesem Zweck hängen Sie die neuen Felder über einen Z-Append an die dafür vorgesehene Erweiterungsstruktur */SCWM/INCL_EEW_MFSTELE* an. Ein Beispiel für eine Append-Struktur sehen Sie in Abbildung 5.9. In unserem System ist die Erweiterungsstruktur nur zeichenartig erweiterbar. Daher werden bei den Datenfeldern nur Datenelemente vom Typ CHAR verwendet.

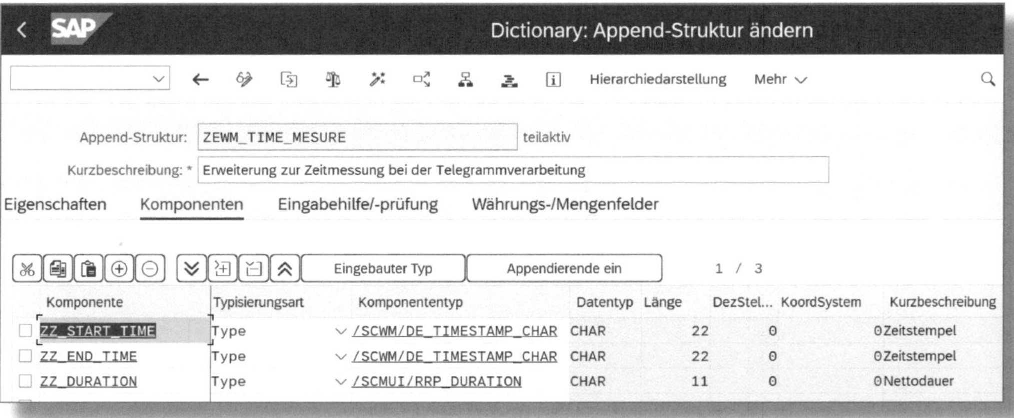

Abbildung 5.9: Append-Struktur

Dieser Umstand schränkt die Standardbordmittel der Transaktion *SE16n* etwas ein. Dieser Nachteil lässt sich aber über Excel und eigene Z-Auswertungen gut ausgleichen.

Nun benötigen Sie die Startzeit der Telegrammverarbeitung. Die echte Startzeit lässt sich allerdings nicht genau ermitteln, da Sie zu Beginn der Telegrammverarbeitung noch nicht eingreifen konnten. Den frühesten Zeitpunkt zur Manipulation der eingehenden Telegrammdaten liefert die BAdI-Implementierung */SCWM/EX_MFS_TELE_RCV*.

Legen Sie sich dafür, wie in Abbildung 5.10 dargestellt, eine BAdI-Implementierung an.

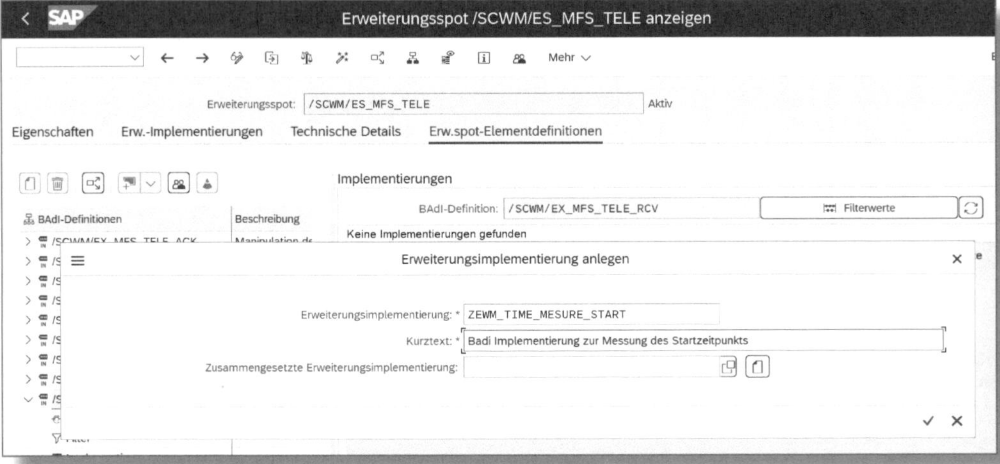

Abbildung 5.10: Erweiterungsimplementierung »/SCWM/EX_MFS_TELE_RCV«

Dieser Erweiterung wird der Tabelleneintrag der */SCWM/MFSTELEQ* in Form des Übergabeparameters `cs_tele_rcv` übergeben. Die Struktur ist hier voll manipulierbar, dadurch muss das Feld für die Startzeit nur entsprechend gefüllt werden. Exemplarisch wird Ihnen das in unserem Beispielcoding vorgeführt (siehe Listing 5.2).

```
DATA: lv_start_time TYPE /SCWM/DE_TIMESTAMP_WH.

GET TIME STAMP FIELD lv_start_time.
cs_tele_rcv-zz_start_time = CONV #( lv_start_time ).
```

Listing 5.2: Implementierung – Methode »/SCWM/IF_EX_MFS_TELE_RCV~TELE_RCV«

Alternativ könnte auch der Empfangszeitstempel aus der */SCWM/MFSTELEQ* selbst verwendet werden.

Für den zweiten Teil der Implementierung ist keine weitere BAdI-Implementierung notwendig. Sie können die Zeitmessung für den Endzeitpunkt an das Ende des Funktionsbausteins für die MFS-Aktion setzen. Diesem wird jedoch nicht mehr der Datensatz der */SCWM/MFSTELEQ* als ändernde Struktur übergeben. Die ermittelten Daten müssen hier also eigens in der Datenbank gesichert werden.

Wie das aussehen kann, zeigt Ihnen Listing 5.3.

```
* Zeitmessung
DATA: lv_end_time TYPE /SCWM/DE_timestamp_wh,
      lv_duration TYPE TZNTSTMPL.

GET TIME STAMP FIELD lv_end_time.
DATA(lv_end_time_char) = CONV /SCWM/DE_TIMESTAMP_CHAR( lv_end_time ).

lv_duration = cl_abap_tstmp=>subtract( TSTMP1 = lv_end_time
                                       TSTMP2 = CONV #( is_telegram-⏎
zz_start_time ) ).
DATA(lv_duration_char) = CONV /SCMUI/RRP_DURATION( lv_duration ).

UPDATE /SCWM/mfsteleq
  SET zz_duration = lv_duration_char
      zz_end_time = lv_end_time_char
  WHERE lgnum = iv_lgnum
    AND plc = iv_plc
    AND channel = iv_channel
    AND sq_no = is_telegram-sequ_no.
IF sy-subrc EQ 0.
  COMMIT WORK AND WAIT.
ELSE.
  ROLLBACK WORK.
ENDIF.
```

Listing 5.3: Implementierung Aktionsbaustein Ende MFS

Nach dem Einbau dieser Codingabschnitte ist nun die jeweils gebrauchte Verarbeitungszeit direkt am Telegramm verfügbar.

In manchen Anwendungsfällen kann es auch interessant sein, die Durchlaufzeit des Aktionsbausteins separat zu messen, um so herauszufinden, wie hoch ihr Anteil an der eigentlichen Aktionsverarbeitung ist. Denn meist ist dieser höher als bei der vorherigen Verarbeitung, sprich beim Empfangen und Mappen des Telegramms.

Achten Sie aber grundsätzlich darauf, bei allen Zeitmessungen Datenfelder zu verwenden, die auch die Mikrosekunden ermitteln, da sich die Verarbeitungszeiten in der Mehrzahl der Fälle bei weniger als einer Sekunde bewegen sollten.

5.3 Housekeeping

Kommen wir nun zum Thema Housekeeping. Automatische Anlagen erzeugen sehr viel Traffic und brauchen zugleich ein stabiles System, stets gut gepflegte Stammdaten und eine funktionierende Überwachung der entstehenden Betriebsprobleme.

5.3.1 Datenarchivierung

Kümmern wir uns zunächst um den Traffic. Je nach Größe der Anlage können im Betrieb sehr viele Telegramme empfangen werden und sehr viele Lageraufgaben entstehen.

Wir gehen an dieser Stelle davon aus, dass Sie für Ihre Aus- und Anlieferungen bereits eine Archivierung eingerichtet haben. Falls das noch nicht geschehen ist, sollten Sie dies jetzt nachholen.

Wichtig für Ihre Anlage ist vor allem eine Archivierung der Lageraufgaben. Diese sind unter dem Archivierungsobjekt *WME_TO* zusammengefasst, das die in Tabelle 5.1 aufgeführten Tabellen archiviert.

Tabelle	Beschreibung
/SCWM/ORDIM_CS	Serialnummern zur quittierten Lageraufgabenposition
/SCWM/ORDIM_E	Ausnahmecodes zur Lageraufgabe
/SCWM/ORDIM_HS	Serialnummern zu Bewegungen von HU-Positionen
/SCWM/ORDIM_LS	Serialnummern zu Lageraufgabenprotokoll-tabellen
/SCWM/ORDIM_C	Lageraufgaben quittiert
/SCWM/ORDIM_H	Lageraufgabe: Bewegungen von HU-Positionen
/SCWM/ORDIM_L	Lageraufgaben Protokolltabelle

Tabelle 5.1: Übersicht Inhalt Archivierungsobjekt »WME_TO«

Zur Einrichtung der Archivierung legen Sie sich eine entsprechende Variante für folgende Archivierungsprogramme an:

- WME_ARCH_TO_WRITE
- WME_ARCH_TO_DELETE
- WME_ARCH_TO_READ

Bestimmen Sie den Zeitraum, ab dem Daten aus dem System in das Archiv verschoben werden sollen, mittels der Variante für das Programm WME_ARCH_TO_WRITE. Um Ihrem Clearing im Falle von Reklamationen eine Chance zu geben, bestimmte Fälle über die Lageraufgaben nachzuvollziehen, empfiehlt sich für PICK-Lageraufgaben ein Zeitraum von zwei bis drei Monaten. Lageraufgaben auf der Fördertechnik machen das größte Volumen aus, bei ihnen können Sie bei Bedarf auch einen kürzeren Archivierungszeitraum festlegen.

☛ Woran merkt man, dass Daten archiviert werden müssen?

Es lässt sich keine allgemeingültige Empfehlung aussprechen, welcher Zeitpunkt für eine Archivierung welcher Daten ideal ist. Das ist von Lager zu Lager stark unterschiedlich. Starten Sie daher ruhig bei allen Lageraufgaben mit einem einheitlichen Zeitraum.

Wenn Sie jedoch merken, dass das Quittieren von Lageraufgaben immer länger dauert, sollten Sie für die jeweilige Lagerprozessart den Zeitraum bis zur Archivierung verkürzen, um die Last auf den Tabellen zu verringern und Schreib- und Leseprozesse zu beschleunigen. Die Archivierung ist eines Ihrer einfachsten Bordmittel für eine Performanceoptimierung.

Neben den Lageraufgaben gibt es zwei weitere Bereiche, in denen sehr schnell viele Daten entstehen können: Das ist zum einen die Telegrammtabelle und zum anderen das Applikationslog sowie das Tabellenänderungslog.

Hier steht Ihnen neben dem Archivieren auch das Löschen frei. Klären Sie intern, ob es sich um Daten handelt, die in Ihrer Firma aufbewahrungspflichtig sind, oder ob Sie diese löschen können.

Spielen wir hier einmal den Fall durch, dass die Daten archiviert werden müssen. In diesem Fall nutzen Sie für die Telegrammtabelle das Archivierungsobjekt *WME_MFS* und für das Applikationslog das Objekt *BC_SBAL*.

Wenn Sie die einschlägigen Jobs nicht kennen, lässt sich die Archivierung auch über den Customizing-Pfad SAP NETWEAVER • APPLICATION SERVER • SYSTEMADMINISTRATION • DATENARCHIVIERUNG • ARCHIVIERUNGSOBJEKTSPEZIFISCHES CUSTOMIZING einrichten.

Ist die Archivierung der betreffenden Objekte nicht notwendig, können diese auch einfach mit den in Tabelle 5.2 aufgelisteten Jobs gelöscht werden.

Programm	Beschreibung
RSTBPDEL	Programm zum Löschen der DBTABLOG
SBAL_DELETE	Report zum Löschen des Applikationslogs

Tabelle 5.2: Liste der Programme zum Löschen von Logs

5.3.2 Laufende Aufgaben

Neben den eingeplanten Regelarbeiten zum Thema Housekeeping, die im Hintergrund laufen sollten, gibt es auch tägliche Aufgaben, die zukünftig in Ihrem Lager anfallen werden.

Zu nennen sind hier als Erstes die Lageraufgaben. Achten Sie stets darauf, dass keine von ihnen offenbleibt. Gerade Lageraufgaben zwischen den Meldepunkten können die Kapazitäten verknappen und damit die Leistung senken. Richten Sie für die Lagerprozessart der Materialflusslageraufgaben eine Überwachung ein, die Sie darüber informiert, wenn Lageraufgaben nicht innerhalb einer halben Stunde bis Stunde quittiert werden. Spätestens am Ende des Tages oder vor Schichtbeginn des nächsten Tages, sobald die Strecke physikalisch leer ist, sollte alles, was auf der Förderstrecke offengeblieben ist, storniert werden können.

Ein zweiter wichtiger Punkt, der ständiger Überwachung bedarf, sind die Stammdaten: Gewichte und Abmessungen, Ein- und Auslagersteuerkennzeichen, Reichweiten für den Nachschub. All das muss sauber gepflegt und up to date gehalten werden. Legen Sie besonderes Augenmerk auf Gewichte und Abmessungen. So kann es vorkommen, dass eine Palette beim Wiegen auf der Förderstrecke das korrekte Gewicht besitzt, die Einlagerung aber trotzdem fehlschlägt, weil nach datentechnischem Gewicht die Maximalbelegung des Lagerplatzes überschritten wird. So etwas kostet unnötig Personal und Anlagenkapazität.

Und zu guter Letzt soll die Überwachung der Alerts der Anlage zur Sprache kommen.

Eine gut ausgebaute Anlage wird Ihnen ihre Fehler in Form von unzähligen Alerts ausgeben. Diese sind schlussendlich entscheidend für die Betriebsüberwachung, denn sie ermöglichen Ihnen eine schnelle Reaktion auf auftretende Unstimmigkeiten. Kleine Fehler können sehr schnell zu großen Störungen und Verzögerungen im täglichen Betrieb bzw. zu einem Leistungsverlust der Anlage führen.

Stellen Sie also genug Personal ab, das die Alerts überwacht und zeitnah reagieren kann, um sie zu bearbeiten und dann zu quittieren.

☛ Anlagenüberwachung SAP- und SPS-seitig

Ihre Anlage wird mit der Inbetriebnahme nicht nur in SAP mithilfe der Alerts überwacht werden müssen, sondern auch SPS-seitig und physikalisch. Während die Betreuung von SAP bei Key-Usern und Beratern liegt, ist die Begleitung von Anlagen, der SPS und der Fördertechnik meistens in der Instandhaltung angesiedelt. Das sind Abteilungen, die im täglichen Betrieb nicht unbedingt viel miteinander zu tun haben. Allerdings werden zahlreiche Themen und Fehlerbehebungen Schnittpunkte zwischen genau diesen beiden Überwachungsteams herstellen. Stellen Sie also sicher, dass hier kurze Dienstwege herrschen, damit die Kollegen nicht unnötig Zeit verlieren. Die Devise sollte lauten: Teilen Sie Ihr Wissen!

6 Fazit

Herzlichen Glückwunsch! Wenn Sie hier angelangt sind, haben Sie alle Werkzeuge zur Hand, um eine Materialflusssteuerung mit dem SAP-EWM-Standard einrichten und betreiben zu können.

Ich hoffe, ich konnte Ihnen anhand der in diesem Buch skizzierten Fördertechnik das komplexe Thema der Materialflusssteuerung und des Telegrammverkehrs näherbringen und verständlich machen.

Gerade die Vielfalt der Herstellerlösungen und Lageranforderungen macht es uns im Materialfluss schwer, bei den Standardeinstellungen zu bleiben oder allgemeingültige Empfehlungen zu geben. Denn es wird immer ein Kompromiss zwischen Ihnen und Ihrem Anlagenautomatisierer sein, und oft ist es das Beste, pragmatisch an die Themen heranzugehen, um die besten Entscheidungen für Ihr Lager zu treffen.

Dennoch hoffe ich, dass anschaulich geworden ist, wie viel Sie schon mit wenig Aufwand im Standard umsetzen können und wie viel Ihnen SAP hier zu bieten hat. Das Beispiel in diesem Buch sollte Ihnen zeigen, dass Sie mit dem hier vermittelten Know-how und ohne große Kenntnisse in der ABAP-Programmierung ein Lager in Betrieb nehmen können. Dieses Ziel habe ich hoffentlich erreicht.

Genauso ist die Implementierung einer Telegrammschnittstelle für Sie nun eine beherrschbare Herausforderung. Der Abschnitt über die Telegrammverarbeitung und die zahlreichen von SAP bereitgestellten BAdI-Implementierungen zeigt, wie viele Eingriffsmöglichkeiten und wie viel Freiheit Sie haben, um das von Ihnen benötigte Kommunikationsszenario umzusetzen.

Mir bleibt an dieser Stelle nur noch, Ihnen viel Erfolg bei der Inbetriebnahme Ihrer Materialflusssteuerung zu wünschen!

A Die Autorin

Franziska Bernard begann bereits während ihrer Ausbildung zur Softwareentwicklerin im Bereich SAP mit Schwerpunkt ABAP-Entwicklung zu arbeiten.

In verschiedenen Projekten und bei unterschiedlichen Unternehmen betreute sie über Jahre hinweg als SAP-Beraterin und -Entwicklerin und später auch als IT-Solution-Architektin den Betrieb, die Entwicklung sowie die Integration von SAP-Systemen (wie ERP on HANA, BW, APO und EWM S/4HANA) mit Anlagen und Non-SAP-Systemen verschiedenster Art. Mit ihren durchgängigen Schwerpunkten Logistik, Produktion und Materialwirtschaft auf Prozess-, Beratungs- und Entwicklungsebene sammelte sie einen reichen Erfahrungsschatz.

Seit 2021 betreut Franziska Bernard mit ihren Kollegen die Materialflusssteuerung mit SAP EWM S/4HANA in einem der größten Logistikzentren Europas für Werkzeug und Kleinteile – ihr Ziel ist dabei klar: immer das Beste aus Anlage und SAP EWM herausholen.

B Index

G

H

I

K

L

M

N

P

R

S

T

U

V

W

C Disclaimer

Die in diesem Werk wiedergegebenen Gebrauchsnamen, Handelsnamen, Warenbezeichnungen usw. können auch ohne besondere Kennzeichnung Marken sein und als solche den gesetzlichen Bestimmungen unterliegen. Sämtliche in diesem Werk abgedruckten Bildschirmabzüge unterliegen dem Urheberrecht der SAP SE, Dietmar-Hopp-Allee 16, 69190 Walldorf.

In dieser Publikation wird auf Produkte der SAP SE Bezug genommen. SAP®, ABAP®, ExpenseIt®, Joule, OpenSAP®, SAP ActiveAttention®, SAP® Adaptive Server® Enterprise, SAP® Advantage Database Server®, SAP® AppGyver®, SAP Ariba®, SAP Business ByDesign®, SAP® Business Explorer®, SAP® Bex, SAP® BusinessObjects, SAP® BusinessObjects Explorer®, SAP® BusinessObjects Web Intelligence®, SAP Business One®, SAP Business Workflow®, SAP BW/4HANA®, SAP Concur®, SAP® Crystal Reports®, SAP EarlyWatch®, SAP® Emarsys®, SAP Fieldglass®, SAP Fiori®, SAP Garden®, SAP® Global Trade Services (SAP® GTS®), SAP HANA®, SAP® Jam, SAP Lumira®, SAP MaxAttention®, SAP® MaxDB®, SAP NetWeaver®, SAP® PartnerEdge®, SAP® Sapphire®, SAP® PowerBuilder®, SAP® PowerDesigner®, SAP® R/3®, SAP® Replication Server®, SAP® Roambi®, SAP S/4HANA®, SAP S/4HANA® Cloud, SAP Signavio®, SAP® SQL Anywhere®, SAP Strategic Enterprise Management® (SAP® SEM®), SAP SuccessFactors®, SAP Vora®, Taulia®, The Best Run SAP®, TripIt® und weitere im Text erwähnte SAP-Produkte und -Dienstleistungen sowie die entsprechenden Logos sind Marken oder eingetragene Marken der SAP SE in Deutschland und anderen Ländern. Die Angaben im Text sind unverbindlich und dienen lediglich zu Informationszwecken. Produkte können länderspezifische Unterschiede aufweisen.

Der SAP-Konzern übernimmt keinerlei Haftung oder Garantie für Fehler oder Unvollständigkeiten in dieser Publikation. Der SAP-Konzern steht lediglich für SAP-Produkte und -Dienstleistungen nach der Maßgabe ein, die in der Vereinbarung über die jeweiligen Produkte und Dienstleistungen ausdrücklich geregelt ist. Aus den in dieser Publikation enthaltenen Informationen ergibt sich keine weiterführende Haftung.

Weitere Bücher von Espresso Tutorials

Rainer Neumann, Dieter Schraad:

Variantenkonfiguration in SAP S/4HANA®

- ▶ Variantenkonfigurationsmodellierung step by step
- ▶ Beschreibung der Prozesse Configure-to-Order und Make-to-Stock
- ▶ Best-Practice-Empfehlungen aus über 40 Jahren Berufserfahrung
- ▶ Einführung Embedded Analytics und externe Sales-Konfiguration

http://5512.espresso-tutorials.de

Ilka Dischinger:

Lohnbearbeitung mit SAP S/4HANA® – Einkaufs- und Produktionsprozess

- ▶ Sonderbeschaffung Lohnbearbeitung mit SAP S/4HANA
- ▶ Stammdaten inkl. Dispobereich und Fertigungsversion
- ▶ Prozessbeschreibung mit Lohnbearbeitungs-Cockpit
- ▶ Tipps und Tricks auch ohne Programmierung

http://5649.espresso-tutorials.de